计算机专业“十三五”规划教材

单片机实战训练

主　编　李红霞　易丽萍　周　延
副主编　姚福成　熊　媛　郭立强

吉林大学出版社

图书在版编目（CIP）数据

单片机实战训练 / 李红霞，易丽萍，周延主编. -- 长春 : 吉林大学出版社，2017.8
ISBN 978-7-5692-0576-3

Ⅰ. ①单… Ⅱ. ①李… ②易… ③周… Ⅲ. ①单片微型计算机－高等职业教育－教材 Ⅳ. ①TP368.1

中国版本图书馆 CIP 数据核字（2017）第 195945 号

书　　名　单片机实战训练

作　　者　李红霞　易丽萍　周延　主编
策划编辑　黄国彬　章银武
责任编辑　张宏亮
责任校对　刘守秀
装帧设计　赵俊红
出版发行　吉林大学出版社
社　　址　长春市朝阳区明德路 501 号
邮政编码　130021
发行电话　0431-89580028/29/21
网　　址　http://www.jlup.com.cn
电子邮箱　jlup@mail.jlu.edu.cn
印　　刷　廊坊市广阳区九洲印刷厂
开　　本　787×1092　1/16
印　　张　17
字　　数　360 千字
版　　次　2017 年 8 月 第 1 版
印　　次　2023 年 8 月 第 2 次印刷
书　　号　ISBN 978-7-5692-0576-3
定　　价　48.00 元

印　　数　3000

前　言

随着大规模集成电路技术的发展，单片微型计算机也随之大发展，各种新颖的单片机层出不穷。单片机具有体积小、重量轻、应用灵活且价格低廉等特点，广泛地应用于人类生活的各个领域，成为当今科学技术现代化不可缺少的重要工具。

单片机系统的开发融合了硬件和软件的相关技术。要完成单片机系统的开发，用户不仅需要掌握编程技术，还需要针对实际应用选择合理的单片机芯片和外围器件，以此为基础，设计硬件电路。通过具体的项目案例来学习单片机系统的开发是一条科学而且高效的途径。在项目案例的选择上，本书着重突出“应用”和“实用”的基本原则，项目案例来源于实践，具有代表性、技术领先性，以及应用的广泛性。

本书注重将多年的开发经验和技巧融合到具体项目案例的讲解中，为开发人员提供必要的知识积累，解决实际工程中的问题。在程序开发语言方面，本书尽量用简洁的语言来清晰阐述易于理解的概念和思路。同时，对程序代码作了细致的中文注释，并将相关的知识点作了梳理，有利于读者举一反三，快速应用和提高。

本书共分三大部分：第一部分为实战理论篇，分 2 个章节介绍，第 1 章介绍了搭建 51 单片机开发环境，第 2 章介绍了单片机 C51 语言基础；第二部分为实战基础篇，分 8 个章节介绍，第 1 章介绍了软件控制 LED 亮灭，第 2 章介绍了软件控制闪烁灯，第 3 章介绍了 C51 常用库函数，第 4 章介绍了 C51 宏定义的使用，第 5 章介绍了外部中断实例，第 6 章介绍了定时器类实例，第 7 章介绍了串口类实例，第 8 章介绍了典型芯片应用实例；第三部分 为实战进阶篇，分 11 个章节介绍，第 1 章介绍了静态数码管实例，第 2 章介绍了 74HC573 动态数码管实例，第 3 章介绍了液晶屏 LCD（1602）实例， 第 4 章介绍了液晶屏 LCD（12864）实例，第 5 章介绍了继电器实例，第 6 章介绍了蜂鸣器实例，第 7 章介绍了矩阵键盘应用实例，第 8 章介绍了 RTC 实时时钟（DS1302）实例，第 9 章介绍了 DS18B20-温度传感实例，第 10 章介绍了步进电机实例，第 11 章介绍了红外线遥控实例。本着深入浅出、通俗易懂，并注重理论联系实际，着重实际应用为原则，编者从多年教学案例出发，细致讲解单片机设计的需求、设计原理、相关知识、具体模块设计和编码实现，以使读者对单片机项目开发有系统的认识。

本书参考 60 学时左右，各院校可根据具体情况进行讲授。本书由江西航空职业技术学院的李红霞、易丽萍和周延担任主编，由江西航空职业技术学院的姚福成、江西工业职业技术学院熊媛和江西先锋软件职业技术学院的郭立强担任副主编。本书的相关资料和售后服务可扫封底微信二维码或登录 www.bjzzwh.com 下载获得。

本书既可作为应用型本科、职业院校相关专业的教材，也可供从事单片机开发、应用的工程技术人员参考。

本书在编写过程中，难免有疏漏和不当之处，敬请各位专家及读者不吝赐教。

编 者

Contents
目 录

第一部分　实战理论篇

第二部分 实战基础篇

第三部分 实战进阶篇

第一部分　实战理论篇

第 1 章　搭建 51 单片机开发环境

单片机开发中除必要的硬件外，同样离不开软件，汇编语言源程序要变为 CPU 可以执行的机器码有两种方法，一种是手工汇编，另一种是机器汇编，目前已极少使用手工汇编的方法了。

Keil C51 是美国 Keil Software 公司出品的 51 系列兼容单片机 C 语言软件开发系统，与汇编相比，C 语言在功能上、结构性、可读性、可维护性上有明显的优势，因而易学易用。用过汇编语言后再使用 C 语言来开发，体会更加深刻。

C 语言是一个通用的编程语言，它提供高效的代码、结构化的编程和丰富的操作符。C 语言不是一种大语言，不是为任何特殊应用领域而设计，它一般来说限制较少，可以为各种软件任务提供方便和有效的编程。许多场合用 C 语言比其他语言编程更方便和有效。

1.1　keil 简介

优化的 Cx51 编译器完整的实现了 ANSI 的 C 语言标准，对 8051 来说，Cx51 不是一个通用的 C 编译器，它首先的目标是生成针对 8051 的最快和最紧凑的代码。Cx51 具有 C 编程的弹性和高效的代码和汇编语言的速度。

C 语言不能执行的操作如输入和输出，需要操作系统支持的一部分函数库提供，因为这些函数和语言本身无关，所以 C 编程特别适合对多平台提供代码。

既然 Cx51 是一个交叉编译器，C 语言的某些特性和标准库就有了改变或增强，一个嵌套的目标处理器的特性。

8051 系列单片机是增长最快的微处理器构架之一，不同的芯片厂家提供了 400 多种新扩展的 8051 芯片，如 PHILIPS 的 8051MX 有几 M 字节的代码和数据空间大的应用。为了支持这些不同的 8051 芯片，keil 提供了几种开发工具输出文件格式，OMF2 允许支持最多 16MB 代码和数据空间的 PHILIPS8051MX 结构。

Keil C51 软件提供丰富的库函数和功能强大的集成开发调试工具，全 Windows 界面。另外，重要的一点，只要看一下编译后生成的汇编代码，就能体会到 Keil C51 生成的目标代码效率非常之高，多数语句生成的汇编代码很紧凑，容易理解。在开发大型软件时更能体现高级语言的优势。

1.1.1 单片机选型

在搭建51单片机硬件开发系统时，第一步便是合理地进行单片机选型，一般来说，在进行单片机选型时应注意如下几个方面：

• 综合考虑整个产品的功能需求，尽可能选取外部资源丰富的单片机型号。

• 认真估计代码工作量，选择合理的RAM、ROM资源。如果选择不当，将会造成重新选型的麻烦。

• 对于一个实验性的电路，尽量选择双列直插的单片机，这样便于手工焊接电路。

• 考虑产品最终应用场合，如果是野外或者需要长时间独立供电的场合，则需要尽量选择低功耗的单片机。

• 尽可能了解目前市场上各类主流单片机的情况，做好充足的市场调研工作。目前常用的单片机厂商有：Atmel、Cypress、Infineon、Maxim、Silicon、TI、NXP等。

1.1.2 一个单片机最小开发系统

单片机最小开发系统是一个最基本的硬件开发平台，就好比是一个工厂能够运作的基本要求一样。本书采用Atmel公司的AT89S51单片机进行开发，主要是基于如下几点考虑：

• AT89S51属于广泛应用的51系列单片机，通过学习这款单片机，可以很容易地转移到兼容型号的单片机开发。

• AT89S51成本极低，散量购买只需几元人民币。功能强大，非常适合入门开发学习。

• AT89S51具有4K的片内Flash程序存储器，128字节片内RAM存储器，32个通用I/O线，2个定时器/计数器，6个中断源。

能使单片机正常工作的最小硬件单元电路，称为单片机最小系统，最小系统电路原理图如图1-1所示。

单片机最小系统的组成：复位电路；时钟电路；存储器访问路径控制。

复位电路的参数设定：t=RC1（t≥10ms）。

复位电路的典型参数：C1=10uF/16V，R1=10k；C1=22uF/16V，R1=2.2k。

时钟电路：根据需要选择相应的晶振频率；15pF≤（C2=C3）≤30pF。

除了复位和时钟电路之外，还应将31脚与电源正极相接。

按键S1是手动复位（重新启动）按钮，在不需要手动复位时可以省略。

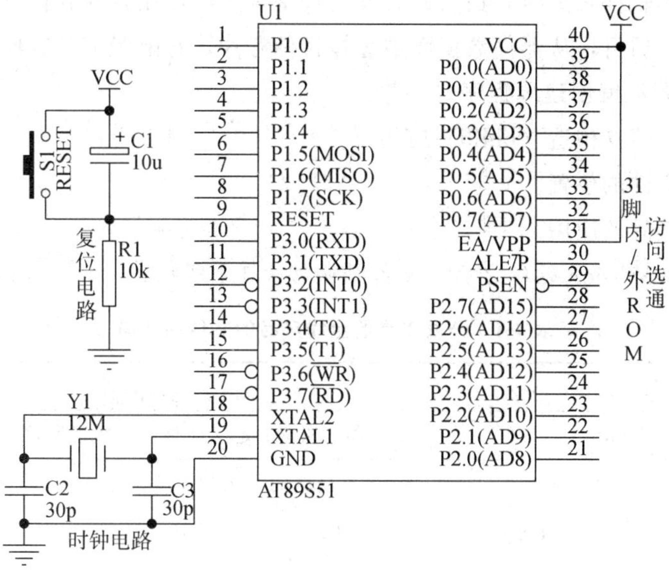

图 1-1　单片机最小系统电路图

1.2　搭建 Keil C51 软件开发环境

C51 工具包的整体结构，其中 uVision 与 Ishell 分别是 C51 for Windows 和 for Dos 的集成开发环境（IDE），可以完成编辑、编译、连接、调试、仿真等整个开发流程。开发人员可用 IDE 本身或其他编辑器编辑 C 或汇编源文件。然后分别由 C51 及 A51 编译器编译生成目标文件（.OBJ）。目标文件可由 LIB51 创建生成库文件，也可以与库文件一起经 L51 连接定位生成绝对目标文件（.ABS）。ABS 文件由 OH51 转换成标准的 Hex 文件，以供调试器 dScope51 或 tScope51 使用进行源代码级调试，也可由仿真器使用直接对目标板进行调试，也可以直接写入程序存贮器如 EPROM 中。

1.2.1　Keil μ Vision4 简介

Keil μ Vision 系列是一个非常优秀的编译器，得到广大单片机设计者的广泛使用。其主要特点：

• 具有 Windows 风格的可视化操作界面，界面友好，使用极为方便。

• 支持汇编语言、C51 语言及混合编程等多种方式的单片机设计。

• 集成了非常全面的单片机支持，能够完成 51 系列单片机绝大部分类型单片机的程序设计和仿真。

• 集成了非常丰富的库函数，以及完善的编译连接工具。

• 由于 Keil μVision 具有最广泛的用户群，因此相应的代码资源非常丰富。

使用 Keil 的软件工具时，项目的开发流程基本上与使用其他软件开发项目一样。

1. 创建一个项目，从器件数据库中选择目标芯片，并配置工具软件的设置。
2. 用 C 或者汇编创建源程序。
3. 用项目管理器构造（build）应用。
4. 纠正源文件的位置。
5. 调试链接后的应用。

安装了 keil μVision 软件之后，文件结构如表 1-1 所示。

表 1-1　开发工具的全线产品的文件夹结构

文件夹	说明
C：\ KEIL \ C51 \ ASM	汇编器　SFR　定义文件和模板源程序文件
C：\ KEIL \ C51 \ BIN	8051 工具链的可执行文件
C：\ KEIL \ C51 \ EXAMPLES	样例应用
C：\ KEIL \ C51 \ RTX51	RTX51 Full 文件
C：\ KEIL \ C51 \ RTX _ TINY	RTX51 Tiny 文件
C：\ KEIL \ C51 \ INC	C 编译器头文件
C：\ KEIL \ C51 \ LIB	C 编译器库文件、启动代码、I/O 子程序的源码
C：\ KEIL \ C51 \ MONITOR	目标监控程序文件和用户硬件的监控程序配置
C：\ KEIL \ UV4	μVision4 文件

1.2.2　Keil μ Vision4 集成开发环境总揽

Keilμ Vision4 开发环境集成开发环境具有典型的 Windows 界面风格。整个编程界面主要包括菜单栏、工具栏、项目管理区、源代码工作区和输出信息窗口等。打开一个工程项目，如图 1-2 所示。

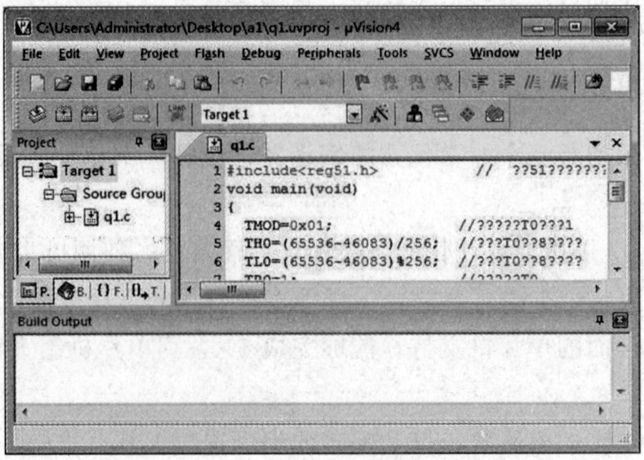

图 1-2　Keil μ Vision4 集成开发环境总揽

1.2.3　Keil μ Vision4 的菜单栏

Keil μ Vision4 的菜单栏提供了项目操作、编辑操作、编译调试及帮助等各种常用操作。所有的操作基本上都可以通过菜单命令来实现。

1.【File】菜单

File 菜单提供了项目和文件的基本操作功能。File 菜单各个命令的功能，如表 1-2 所示。

表 1-2　【File】菜单

菜单命令	功能说明	菜单命令	功能说明
New 命令	创建一个新的空白文件	Device Dathbase 命令	打开器件库
Open 命令	打开一个已存在的文件	License Management 命令	产品注册管理
Close 命令	关闭当前打开的文件	Print Setup 命令	设置打印机
Save 命令	保存当前打开的文件	Print 命令	打印当前文件
Save as 命令	当前文件另存为	Print Preview 命令	打印预览
Save all 命令	保存所有打开的文件	Exit 命令	退出 Keil μVision4

2.【Edit】菜单

Edit 菜单提供了常用的代码编辑操作功能。Edit 菜单各个命令的功能，如表 1-3 所示。

表 1-3　【Edit】菜单

菜单命令	功能说明
Undo 命令	取消上次操作
Redo 命令	重复上次操作
Cut 命令	剪切
Copy 命令	复制
Paste 命令	粘贴
Indent Selected Text 命令	将所选内容下移一个制表位
Unindent Selected Text 命令	将所选内容上移一个制表位
Toggle Bookmark 命令	设置/取消当前行的标签
Goto Next Bookmark 命令	光标移动到下一个标签
Goto Previous Bookmark 命令	光标移动到上一个标签
Clear All Bookmark 命令	清除当前文件的所有标签
Find 命令	在当前文件中查找

（续表）

菜单命令	功能说明
Replace 命令	替换
Find in Files 命令	在多个文件中查找
Incremental Find 命令	渐进式查找
Outlining 命令	源代码概要显示模式
Advanced 命令	各种高级编辑命令
Configuration 命令	颜色、字体等高级配置

3.【View】菜单

View 菜单提供了在源代码编辑和仿真调试过程中，各个窗口和工具栏的显示和隐藏命令。View 菜单各个命令的功能，如表 1-4 所示。

表 1-4 【View】菜单

菜单命令	功能说明
Status Bar 命令	用于显示或隐藏 Keil μ Vision4 的状态条
File Toolbar 命令	用于显示或隐藏 Keil μ Vision4 的文件工具栏
Build Toolbar 命令	用于显示或隐藏 Keil μ Vision4 的编辑工具栏
Debug Toolbar 命令	用于显示或隐藏 Keil μ Vision4 的调试工具栏
Project Window 命令	用于显示或隐藏 Keil μ Vision4 的项目管理区
Output Window 命令	用于显示或隐藏 Keil μ Vision4 的输出信号窗口
Source Browser 命令	打开资源浏览窗口
Disassemble Window 命令	用于显示或隐藏 Keil μ Vision4 的反汇编窗口
Watch&Call Stack Window 命令	用于显示或隐藏观察和堆栈窗口
Memory Window 命令	用于显示或隐藏 Keil μ Vision4 的存储器窗口
Code Coverage Window 命令	用于显示或隐藏 Keil μ Vision4 的代码报告窗口
Performance Analyzer Window 命令	用于显示或隐藏性能分析窗口
Logic Analyzer Window 命令	用于显示或隐藏 Keil μ Vision4 的逻辑分析窗口
Symbol Window 命令	用于显示或隐藏 Keil μ Vision4 的字符变量窗口
Serial Window 命令	用于显示或隐藏 Keil μ Vision4 的串口的观察窗口
Toolbox 命令	用于显示或隐藏 Keil μ Vision4 的自定义工具条
Periodic Window Update 命令	在程序运行时刷新调试窗口
Include Dependencies 命令	用于显示或隐藏项目的包含文件

4. 【Project】菜单

Project 菜单提供了单片机项目的创建、设置和编译等命令。Project 菜单各个命令的功能，如表 1-5 所示。

表 1-5 【View】菜单

菜单命令	功能说明
NewProject 命令	创建新项目及新的工作空间
Import 命令	导入 μ Vision4 的项目
Open Project 命令	打开一个已存在的项目
Close Projectr 命令	关闭当前项目
Manage 命令	管理项目包含文件、库的路径及多项目工作空间
Select Device for Target ‘Target1’ 命令	为当前项目选择一个单片机类型
Remove File…命令	从当前项目中移除选择的文件
Option for Target ‘Target1’ 命令	设置当前项目的配置环境
Clean Target 命令	清除编译过程中创建的中间文件
Build Target 命令	编译文件并生成可执行文件
Rebuild all target files 命令	重新编译所有文件并生成可执行文件
Batch Build 命令	批量编译文件并生成可执行文件
Translate 命令	编译当前文件
Stop Build 命令	停止编译当前文件

5. 【Debug】菜单

Debug 菜单大多数使用在仿真调试过程中，Debug 菜单各个命令的功能，如表 1-6 所示。

表 1-6 【Debug】菜单

菜单命令	功能说明
Start/Stop Debugging 命令	开始/停止仿真调试模式
Run 命令	运行程序，直到遇到一个断点
Step 命令	单步执行程序，遇到子程序则进入
Step Over 命令	单步执行程序，跳过子程序
Step Out Of Current Function 命令	程序执行到当前函数结束
Run to Cursor line 命令	程序执行到光标所在行
Stop Running 命令	停止运行程序

（续表）

菜单命令	功能说明
Breakpoints 命令	打开断点对话框
Insert/Remove Break Point 命令	设置/取消当前行的断点
Enable/Disable Break Point 命令	使能/禁止当前行的断点
Disable All Break Points 命令	禁用所有断点
Kill All Breakpoint 命令	取消所有断点
Show Next Statement 命令	显示下一条指令
Debug Setting 命令	设置调试参数
Enable/Disable Trace Recording 命令	使能/禁止程序运行的标识
View Trace Records 命令	显示程序运行过的指令
Execution Profiling 命令	设置状态
Setup Logic Analyzer 命令	逻辑分析
Memory Map 命令	打开存储空间配置对话框
Performance Analyzer 命令	打开性能分析窗口
Inline Assembly 命令	对某一行进行重新汇编
Function Editor 命令	编辑函数

6. 【Flash】菜单

Flash 菜单提供了下载程序、擦除单片机程序存储器等操作，Flash 菜单各个命令的功能，如表 1-7 所示。

表 1-7 【Flash】菜单

菜单命令	功能说明
Download 命令	下载单片机程序
Erase 命令	擦出程序存储器
Configure Flash Tools 命令	配置工具

7. 【Peripherals】菜单

Peripherals 菜单提供了单片机各种硬件资源的仿真对话框，Peripherals 菜单各个命令的功能，如表 1-8 所示。

表 1-8 【Peripherals】菜单

菜单命令	功能说明
Reset CPU 命令	复位单片机
Interrupt 命令	打开中断仿真对话框
I/O-Ports 命令	打开并行端口仿真对话框
Serial 命令	打开串口仿真对话框
Timer 命令	打开定时器仿真对话框
Watching 命令	打开看门狗仿真对话框

8. 【Tools】菜单

Tools 菜单提供单了一些第三方软件的支持，用户需要额外安装软件才可以使用。Tools 菜单使用一般使用比较少。

1.3 Keil μ Vision4 中使用单片机 C 程序

Keil C51 软件提供丰富的库函数和功能强大的集成开发调试工具，全 Windows 界面。另外重要的一点，只要看一下编译后生成的汇编代码，就能体会到 Keil C51 生成的目标代码效率非常之高，多数语句生成的汇编代码很紧凑，容易理解。在开发大型软件时更能体现高级语言的优势。

看看汇编程序如何在 Keil μ Vision4 集成开发环境中创建并运用单片机 C 程序。

1.3.1 创建项目

1. 打开 Keil μ Vision4 软件，选择【Project】菜单→New Project 命令→μ Vision Project 命令，弹出“Create New Project”对话框，如图 1-3 所示。

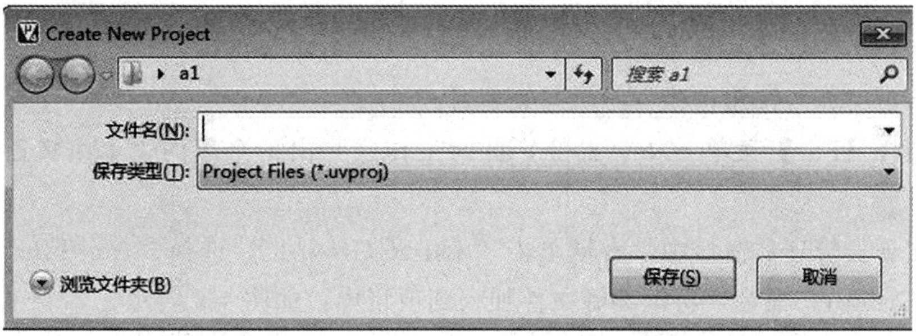

图 1-3 Create New Project 对话框

2. 单击“保存”按钮，此时会弹出“Select Device for Target”对话框。如图 1-4 所示。

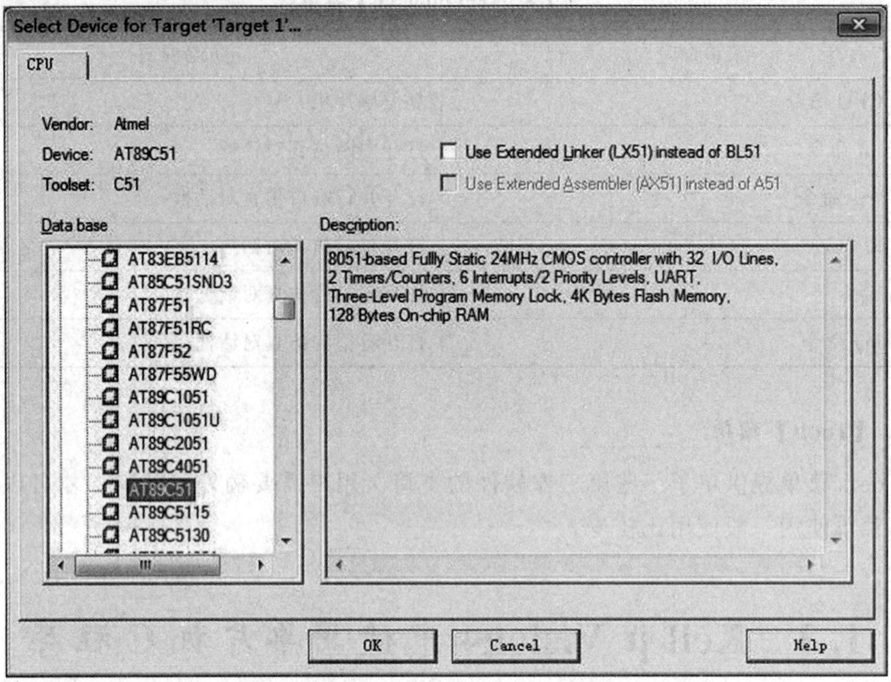

图 1-4　Select Device for Target 对话框

3. 单击“确定”按钮，弹出对话框，询问是否将 8051 的起始代码添加到项目中，如图 1-5 所示。

图 1-5　询问对话框

4. 单击“否”按钮，建立一个空壳项目。

5. 选择【File】菜单→New 命令，此时工作区弹出一个新的文本编辑窗口，将其保存。

6. 在项目管理器窗口中，右键单击“Source Group1”，选择“Add Files to Group ‘Source Group1’命令，将汇编源文件加入到项目中，如图 1-6 所示。

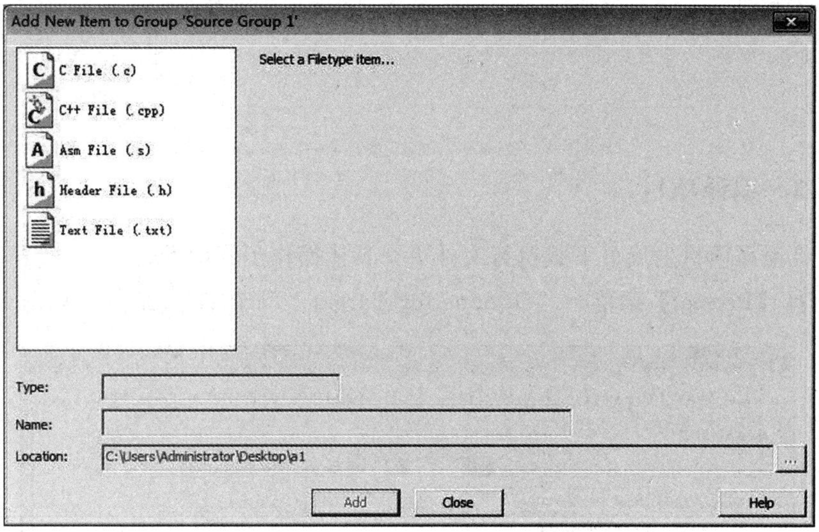

图 1-6 Keil μ Vision4 窗口

1.3.2 编辑源代码

本节使用一个简单的程序，对于该指令和程序格式，在后面的学习中将详细分析。

【例 1-1】 一个简单的单片机 C 程序。

```
# include< reg51.h>
sbit LED0= P1^0;
sbit LED1= P1^1;
sbit LED2= P1^2;
sbit LED3= P1^3;
sbit LED4= P1^4;
sbit LED5= P1^5;
sbit LED6= P1^6;
sbit LED7= P1^7;
void main (void)
{
LED0= 0;
LED1= 1;
LED2= 0;
LED3= 1;
LED4= 0;
LED5= 1;
LED6= 0;
LED7= 1;
```

```
while (1)
    {
    }
}
```

1.3.3 编译项目

可以将编译项目生成可下载执行文件了，具体操作步骤如下。

1. 选择【Project】菜单→“Options for Target ‘Target1’”命令，如图 1-7 所示。

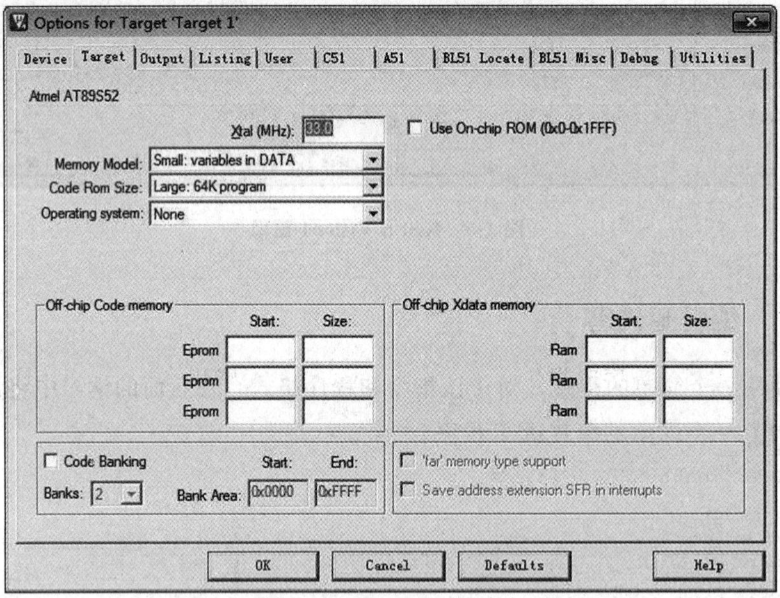

图 1-7 Options for Target ‘Target1’ 对话框

2. 在“Output”选项卡中，选择复选项“Create HEX File”，并单击“确定”按钮，项目编译后可自动生成可下载的 HEX 文件。

3. 选择【Project】菜单→“Build Target”命令，对项目进行编辑，如果程序语法上无错误，则在输出窗口上显示编译结果。如图 1-8 所示。

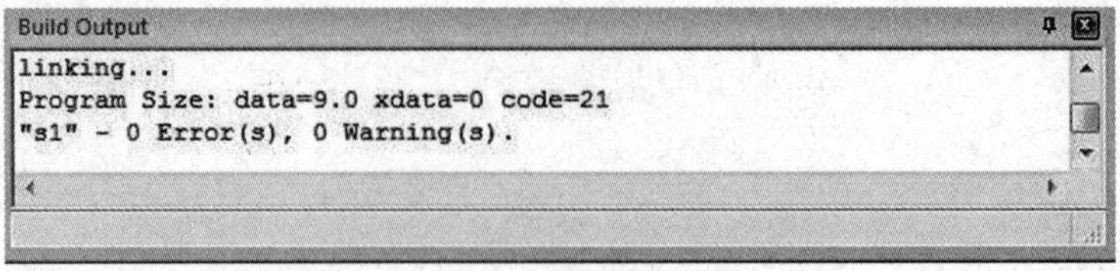

图 1-8 输出窗口

1.3.4 仿真调试

编译没有错误后，可以在 Keil μ Vision4 的集成开发环境中进行仿真，从而验证程序的正确性。

1. 选择【Debug】菜单→“Start/Stop Debug Session”命令，进入 Keil μ Vision4 的仿真模式。

2. 选择【Peripherals】菜单→“I/O-Ports”命令→“Port0”命令，打开并行端口 P1 的仿真界面，再用同样的方法打开 P0、P2、P3 并行端口的仿真界面。如图 1-9 所示。

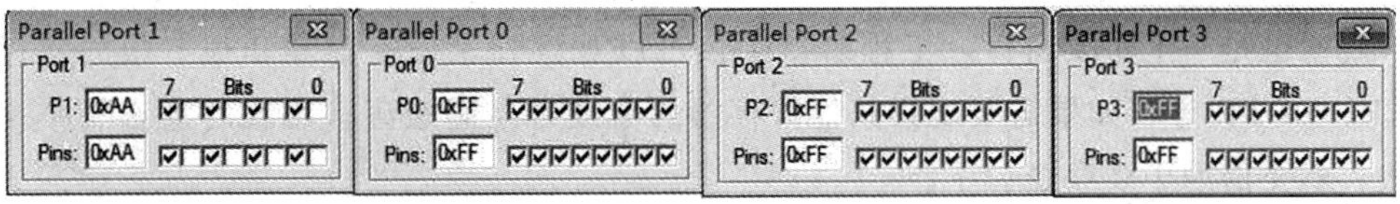

图 1-9 并行端口仿真对话框

3. 按 F11 键一次，程序开始单步执行每一条指令。用户可以观察到并行 I/O 端口的电平变化。

1.3.5 Keil 程序调试窗口

Keil 软件在调试程序时提供了多个窗口，主要包括输出窗口（OutPut Windows）、观察窗口（Watch&Call Stack Window）、反汇编窗口（Dissambly Window）和串行窗口（Serial Window）等。进入调试模式后，可以通过 View 菜单下相应命令打开和关闭这些窗口，如图 1-10 所示。

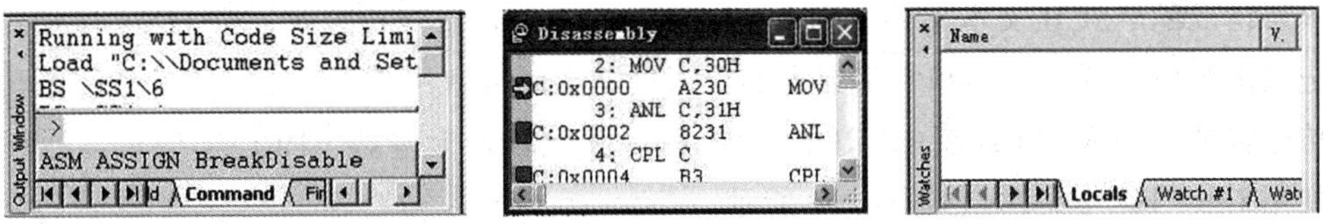

图 1-10 调试窗口（输出窗口、反汇编窗口、观察窗口）

1. 存储器窗口

存储器窗口中可以显示系统中各种内存中的值，通过在 Address 后的编辑框中输入“字母：数字”即可显示相应内存的值。其中字母可以是 C、D、I、X，分别代表程序存储区、直接寻址片内数据存储区、间接寻址片内数据存储区和扩展的外部 RAM 空间；数字代表想要查看的地址。例如：想看片内 RAM30H 单元中的内容，可输入 D：0x30。

2. 反汇编窗口

该窗口可以显示反汇编后的代码、源程序和相应反汇编代码的混合代码，可以在该窗口进行在线汇编，利用该窗口跟踪已执行的代码，也可按汇编代码的方式单步执行，这也是个重要的调试窗口。

3. 工程窗口

工程窗口寄存器页包括了当前的工作寄存器组和系统寄存器，系统寄存器组有一些是实际存在的寄存器如 A、B、DPTR、SP、PSW 等，有一些是实际中并不存在或虽然存在却不能对其操作的寄存器如 PC、Status 等，每当程序中执行到对某寄存器操作时，该寄存器会以反色（蓝底白字）显示。

4. 观察窗口

观察也是一个重要窗口，工程窗口中仅可以观察到工作寄存器和很有限的寄存器 A、B、DPTR 等，如果需要观察其他寄存器的值或者在高级语言编程时需要直接观察变量，就要借助于观察窗口了。

观察窗口其中有一个标签为 Locals 页，这一页会自动显示当前模块中的变量名及变量值，另外两个标签页 Watch＃1 和 Watch＃2 可以加入自定义的观察变量，点击“type F2 to edit”，然后再按 F2 即可输入变量。在程序较复杂、变量很多的场合，这两个自定义观察窗口可以筛选出自己感兴趣的变量加以观察，观察窗口中变量的值不仅可以观察，还可以修改。

1.4 HEX 文件

那么什么是 HEX 文件呢？Intel HEX 文件是由一行行符合 Intel HEX 文件格式的文本所构成的 ASCII 文本文件。在 Intel HEX 文件中，每一行包含一个 HEX 记录。这些记录由对应机器语言码和常量数据的十六进制编码数字组成。Intel HEX 文件通常用于传输将被存于 ROM 或者 EPROM 中的程序和数据，大多数 EPROM 编程器或模拟器使用 Intel HEX 文件，如图 1-11 所示。

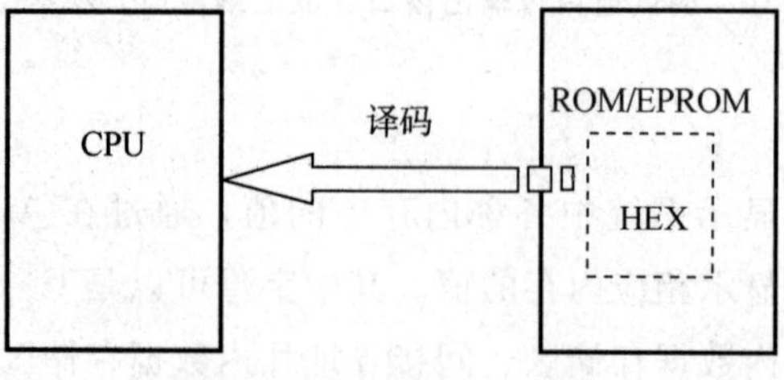

图 1-11　CPU 取指、译码

1. HEX 的结构

Intel HEX 由任意数量的十六进制记录组成。每个记录包含 5 个域，它们按以下格式排列：

```
:llaaaatt[dd...]cc
```

每一组字母对应一个不同的域，每一个字母对应一个十六进制编码的数字。每一个域由至少两个十六进制编码数字组成，它们构成一个字节，就像以下描述的那样：

“:”：每个 Intel HEX 记录都由冒号开头。

“ll”：数据长度域，它代表记录当中数据字节（dd...）的数量。

“aaaa”：地址域，它代表记录当中数据的起始地址。

“tt”：代表 HEX 记录类型的域，它可能是以下数据当中的一个：

00—数据记录

01—文件结束记录

02—扩展段地址记录

04—扩展线性地址记录

dd 是数据域，它代表一个字节的数据。一个记录可以有许多数据字节。记录当中数据字节的数量必须和数据长度域（ll）中指定的数字相符。

cc 是校验和域，它表示这个记录的校验和。校验和的计算是通过将记录当中所有十六进制编码数字对的值相加，以 256 为模进行以下补足。

2. 生成 HEX 文件

默认 Keil 不会帮我们生成 Hex 文件，因为 Hex 文件用于写到单片机里面的，即单片机没有程序是不能运行的。为了生成 Hex 文件，我们必要勾选【Create Hex】选项，让 Keil 编译代码时生成 Hex 文件。

右键点击工程窗口【Target 1】，然后从右键菜单选中【Options for Target ‘Target 1’】，如图 1-12 所示。

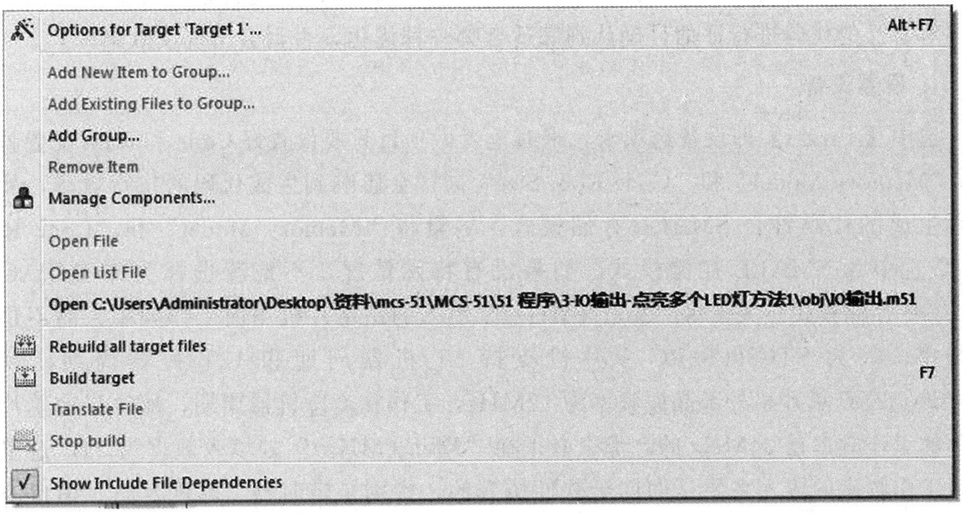

图 1-12　进入设置设备选项

从弹出的【Options for Target ‘Target 1’】，选中【Output】选项卡，然后勾选【Create Hex】，即可生成相应的 HEX 文件。如图 1-13 所示。

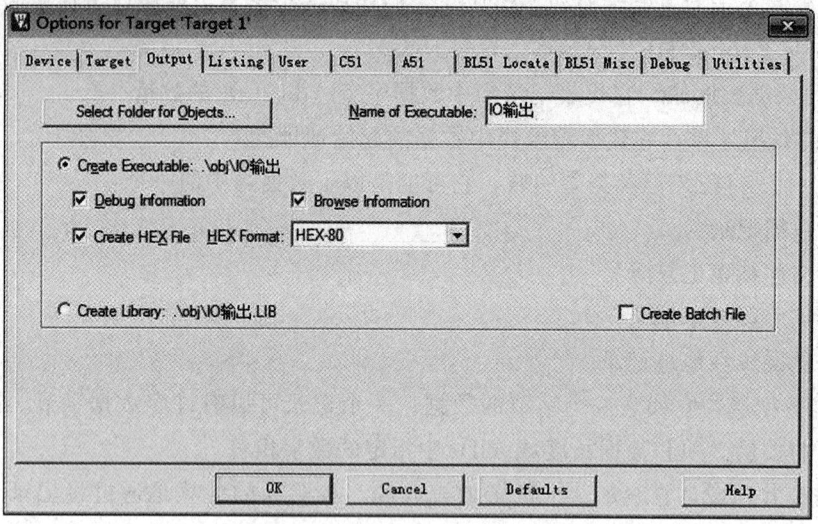

图 1-13　勾选“Create Hex”

1.5 剖析优化

Keil 默认的优化效果其实已经很不错了，如果真的要想方设法榨进单片机的所有资源，让单片机的潜能全部发挥出来，需要对 Keil 编译器的优化选项有所熟悉的，同时要对自己的代码进行评估，确认到底适合哪一种优化，否则会出现反效果。

1. 设置设备

选中【Target】即设备选项卡，平时笔者做项目只要设置好 Code 和 Ram 配置就够了，“Memory Model” 和 “Code Rom Size” 同样会影响到生成代码的执行效率，如果实际生成的代码符合 SMALL 存储模式，尽量将“Memory Model” 和 “Code Rom Size”选中为 SMALL 存储模式，如果没有特殊情况，不推荐选择为 COMPACT、LARGE 存储模式。关于对“Xtal（MHz)”填入的是单片机当前工作频率，而不是晶振频率，因为 STC89C52RC 单片机支持 6T/机器周期和 12T/机器周期，假若 STC89C52RC 单片机外部晶振频率为 12MHz，工作在 6T/机器周期，那时当前单片机实际的工作频率是 24MHz 的，那么必须在“Xtal（MHz)”处填入数据为 24，这里单片机工作频率的输入主要是面向于软件仿真的，特别是定时器、软件延时、串口波特率等精确仿真。

在【Operating】选项中默认选中“None”，这个选项告诉用户是否使用 Keil 内自带的多任务操作系统，当选中“RTX-51Tiny”，Cx51 编译器提供 RTX-51 精简版实时多任务操作系统的支持；当选中“RTX-51 Full”，Cx51 编译器提供对 RTX51 完整版实时多任务操作系统的支持。如图 1-14 所示。

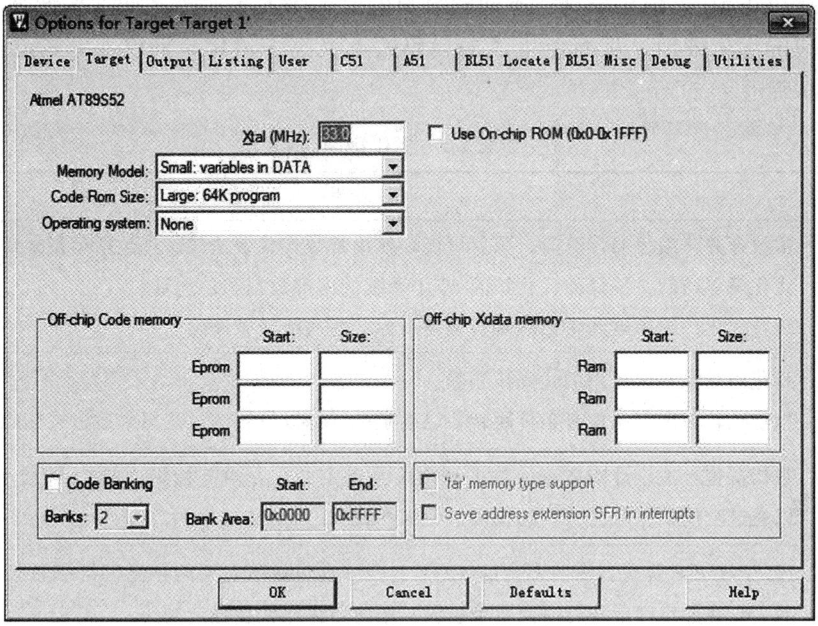

图 1-14 设置设备

2. 设置优化

选中【C51】选项卡，Keil 默认帮我们配置好优化选项，默认的优化已经足够了，如图 1-15 所示。

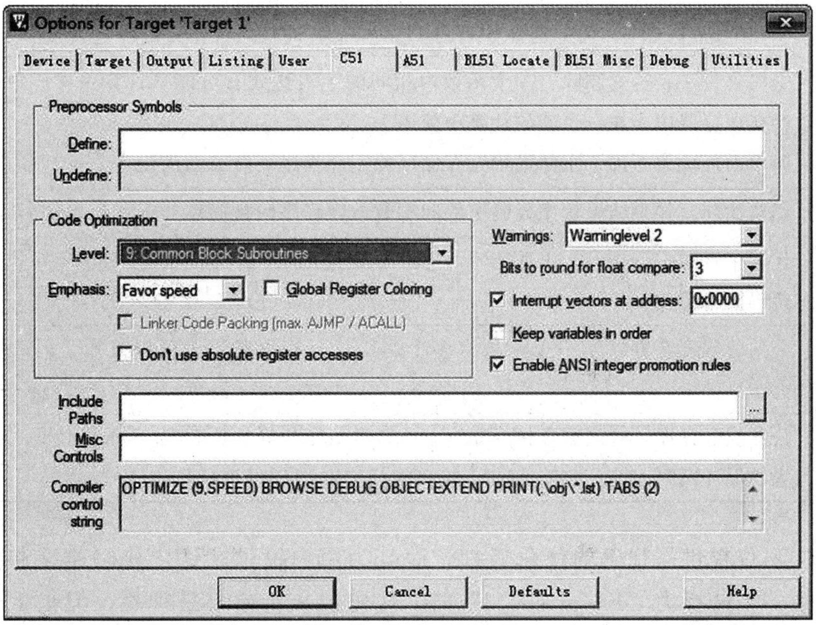

图 1-15 设置设备

Keil 提供了 10 个优化级别，不同的级别生成代码大小所有不同。根据编写代码去选择相对应的优化级别，从而使生成的代码效率又高、占用空间又小，Keil 的优化级别如表 1-9 所示。

表 1-9　优化级别

级别	说明
0	常数合并：编译器计算时，只要可能，就用常数代替表达式。这包括运行地址计算。 优化简单访问：编译器优化访问 8051 系统的内部数据和位地址。 跳转优化：编译器经常拓展跳转最终目标。多次跳转被删除。
1	死代码删除：没有用的代码段删除。 拒绝跳转：严密的检查条件跳转，以确定是否可以倒置测试逻辑来改进或删除。
2	数据覆盖：适合静态覆盖的数据和位段是确定的，并内部标识。BL51 连接/定位器可以通过全局数据流分析，选择可被覆盖的段。
3	PEEPHOLE 优化：清除多余的 MOV 指令。这包括不必要的存储区目标加载和常数加载。当存储空间或执行时间可节省时，用简单操作代替复杂操作
4	寄存器变量：如果可能，自动变量和函数参数定位在寄存器上。为这些变量保留的存储区就省略了。 优化拓展访问：IDATA、XDATA、PDATA 和 CODE 的变量直接包含在操作中。在多数时间中间寄存器是没有必要的。 局部公共字表达式删除：如果用一个表达式重复的进行相同的计算，则保存第一次计算结果，后面有可能就用这结果。多余的计算就被删除。 CASE/SWITCH 优化：包含 SWITCH 和 CASE 的代码优化为跳转表或跳转队列。
5	全局公共字表达式删除：一个函数内相同的字表达式有可能只计算一次。中间记过保存在寄存器中，在一个新的计算中使用。 简单循环优化：用一个常数填充存储区的循环程序被修改和优化。
6	回路循环：如果结果程序代码更快和有效，则程序回路循环。
7	优化拓展的索引访问：当适当时对寄存器变量用 DPTR 指针和数组访问对执行速度和代码大小优化。
8	公共的尾部合并：当一个函数有多个调用，一些设置代码可以复用，因此减少程序大小。
9	公共块子程序：检测循环指令序列，并转换成子程序。Cx51 甚至重排代码可以得到更大的循环序列。

Keil 在不仅提供了代码的优化级别，而且为用户提供了优化代码速度和优化代码大小的选项。当选择为“Favor speed”时，代码的执行效率最理想，但是生成的代码比较大；当选择为“Favor size”生成的代码占用空间最小，但是代码的执行效率比较低。

1.6　程序烧写

程序烧写以普中科技 PZ-ISP V1. 48 程序为例讲解烧写过程，如图 1-16 所示。

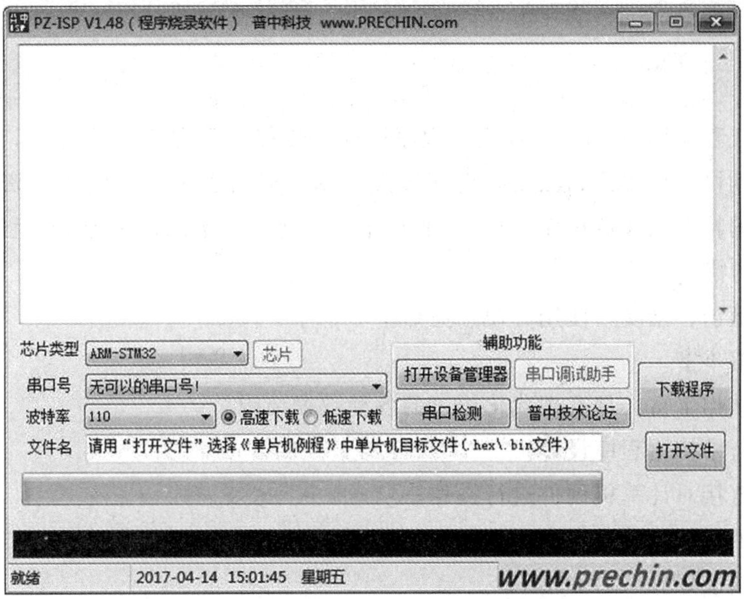

图 1-16　普中科技烧写程序界面

烧写步骤：

1. 在烧写前首先断开单片机的电源（注意）；
2. 首先选中单片机的型号，当前单片机型号为 STC89C51XX 系列；
3. 打开要烧写的文件：如 TestIO. hex；
4. 选择当前有效的串口：如 COM1；
5. 选择低速下载；
6. 点击下载程序按钮；
7. 接通单片机的电源。

通过上述 7 个步骤进行烧写，会出现烧写进度条、列表框显示烧写信息。

第2章　单片机C51语言基础

在实际工程应用中，51单片机的程序设计一般都是采用C语言编写，通过相应的编译器，得到可执行代码，以提高程序开发效率。但由于单片机的内部资源有限，并结合单片机的特点（如位操作），与标准C语言相比有所不同，称为C51程序。

C语言的特点：

- 语言简洁、紧凑，使用方便、灵活。
- 运算符丰富。
- 数据结构丰富。具有现代化语言的各种数据结构。
- 可进行结构化程序设计。
- 可以直接对计算机硬件进行操作。
- 生成的目标代码质量高，程序执行效率高。
- 可移植性好。

C语言程序采用函数结构，每个C语言程序由一个或多个函数组成，在这些函数中至少应包含一个主函数main（），也可以包含一个main（）函数和若干个其他的功能函数。不管main（）函数放于何处，程序总是从main（）函数开始执行，执行到main（）函数结束则结束。在main（）函数中调用其他函数，其他函数也可以相互调用，但main（）函数只能调用其他的功能函数，而不能被其他的函数所调用。

功能函数可以是C语言编译器提供的库函数，也可以是由用户定义的自定义函数。在编制C程序时，程序的开始部分一般是预处理命令、函数说明和变量定义等。

用C语言编写51单片机程序与用汇编语言编写51单片机程序不同，汇编语言必须要考虑其存储器结构，尤其必须考虑其片内数据存储器与特殊功能寄存器的使用以及按实际地址处理端口数据。

用C语言编写的51单片机应用程序，则不用像汇编语言那样须具体组织、分配存储器资源和处理端口数据，但在C语言编程中，对数据类型与变量的定义，必须要与单片机的存储结构相关联，否则编译器不能正确地映射定位。

用C语言编写单片机应用程序与标准的C语言程序也有相应的区别：C语言编写单片机应用程序时，需根据单片机存储结构及内部资源定义相应的数据类型和变量，而标准的C语言程序不需要考虑这些问题。

C51包含的数据类型、变量存储模式、输入输出处理、函数等方面与标准的C语言有一定的区别。其他的语法规则、程序结构及程序设计方法等与标准的 C 语言程序设计相同。

现在支持 51 系列单片机的 C 语言编译器有很多种，如 American Automation、Avocet、BSO/TASKING、DUNFIELD SHAREWARE、KEIL/Franklin 等。各种编译器的基本情况相同，但具体处理时有一定的区别，其中 KEIL/Franklin 以它的代码紧凑和使用方便等特点优于其他编译器，使用特别广泛。

本章主要以 KEIL 编译器介绍 51 单片机 C 语言程序设计。

2.1　C51 程序结构

C51 的语法规定、程序结构及程序设计方法都与标准的 C 语言程序设计相同，但 C51 程序与标准的 C 程序在以下几个方面不一样：

1. C51 中定义的库函数和标准 C 语言定义的库函数不同。标准的 C 语言定义的库函数是按通用微型计算机来定义的，而 C51 中的库函数是按 51 单片机相应情况来定义的；

2. C51 中的数据类型与标准 C 的数据类型也有一定的区别，在 C51 中还增加了几种针对 51 单片机特有的数据类型；

3. C51 变量的存储模式与标准 C 中变量的存储模式不一样，C51 中变量的存储模式是与 51 单片机的存储器紧密相关；

4. C51 与标准 C 的输入输出处理不一样，C51 中的输入输出是通过 51 串行口来完成的，输入输出指令执行前必须要对串行口进行初始化；

5. C51 与标准 C 在函数使用方面也有一定的区别，C51 中有专门的中断函数。

2.2　C51 的数据类型

C51 的数据类型分为基本数据类型和组合数据类型，情况与标准 C 中的数据类型基本相同，但其中 char 型与 short 型相同，float 型与 double 型相同，另外，C51 中还有专门针对于 51 单片机的特殊功能寄存器型和位类型。

一、字符型 char

有 signed char 和 unsigned char 之分，默认为 signed char。它们的长度均为一个字节，用于存放一个单字节的数据。

对于 signed char，它用于定义带符号字节数据，其字节的最高位为符号位，“0”表示正数，“1”表示负数，补码表示，所能表示的数值范围是－128～＋127；

对于 unsigned char，它用于定义无符号字节数据或字符，可以存放一个字节的无符号数，其取值范围为 0～255。unsigned char 可以用来存放无符号数，也可以存放西文字符，一个西文字符占一个字节，在计算机内部用 ASCII 码存放。

二、int 整形

分 singed int 和 unsigned int。默认为 signed int。它们的长度均为两个字节，用于存放一个双字节数据。对于 signed int，用于存放两字节带符号数，补码表示，数的范畴为 －32768～＋32767。对于 unsigned int，用于存放两字节无符号数，数的范围为 0～65535。

三、long 长整型

分 singed long 和 unsigned long。默认为 signed long。它们的长度均为四个字节，用于存放一个四字节数据。对于 signed long，用于存放四字节带符号数，补码表示，数的范畴为－2147483648～＋2147483647。对于 unsigned long，用于存放四字节无符号数，数的范围为 0～4294967295。

四、float 浮点型

float 型数据的长度为四个字节，格式符合 IEEE－754 标准的单精度浮点型数据，包含指数和尾数两部分，最高位为符号位，“1”表示负数，“0”表示正数，其次的 8 位为阶码，最后的 23 位为尾数的有效数位，由于尾数的整数部分隐含为“1”，所以尾数的精度为 24 位。

五、指针型

指针型本身就是一个变量，在这个变量中存放的指向另一个数据的地址。这个指针变量要占用一定的内存单元，对不同的处理器其长度不一样，在 C51 中它的长度一般为 1～3 个字节。

六、特殊功能寄存器型

这是 C51 扩充的数据类型，用于访问 51 单片机中的特殊功能寄存器数据，它分 sfr 和 sfr16 两种类型。其中：

sfr 为字节型特殊功能寄存器类型，占一个内存单元，利用它可以访问 51 内部的所有特殊功能寄存器；

sfr16 为双字节型特殊功能寄存器类型，占用两个字节单元，利用它可以访问 51 内部的所有两个字节的特殊功能寄存器。

在 C51 中对特殊功能寄存器的访问必须先用 sfr 或 sfr16 进行声明。

七、位类型

这也是 C51 中扩充的数据类型，用于访问 51 单片机中的可寻址的位单元。在 C51

中，支持两种位类型：bit 型和 sbit 型。它们在内存中都只占一个二进制位，其值可以是“1”或“0”。

其中：用 bit 定义的位变量在 C51 编译器编译时，在不同的时候位地址是可以变化的，而用 sbit 定义的位变量必须与 51 单片机的一个可以寻址位单元或可位寻址的字节单元中的某一位联系在一起，在 C51 编译器编译时，其对应的位地址是不可变化的。

KEIL C51 编译器能够识别的基本数据类型，如表 2-1 所示。

表 2-1 基本数据类型表

基本数据类型	长度	取值范围
unsigned char	1 字节	0～255
signed char	1 字节	－128～＋127
unsigned int	2 字节	0～65535
signed int	2 字节	－32768～＋32767
unsigned long	4 字节	0～4294967295
signed long	4 字节	－2147483648～＋2147483647
float	4 字节	±1.175494E－38～±3.402823E＋38
bit	1 位	0 或 1
sbit	1 位	0 或 1
sfr	1 字节	0～255
sfr16	2 字节	0～65535

在 C51 语言程序中，有可能会出现在运算中数据类型不一致的情况。C51 允许任何标准数据类型的隐式转换，隐式转换的优先级顺序如下：

bit→char→int→long→float→signed→unsigned

也就是说，当 char 型与 int 型进行运算时，先自动对 char 型扩展为 int 型，然后与 int 型进行运算，运算结果为 int 型。C51 除了支持隐式类型转换外，还可以通过强制类型转换符“()”对数据类型进行人为的强制转换。

C51 编译器除了能支持以上这些基本数据类型之外，还能支持一些复杂的组合型数据类型，如数组类型、指针类型、结构类型、联合类型等这些复杂的数据类型。

2.3 C51 的运算量

一、常量

常量是指在程序执行过程中其值不能改变的量。在 C51 中支持整型常量、浮点型常量、字符型常量和字符串型常量。

（一）整型常量

整型常量也就是整型常数，根据其值范围在计算机中分配不同的字节数来存放。在 C51 中它可以表示成以下几种形式：

十进制整数。如 234、－56、0 等。

十六进制整数。以 0x 开头表示，如 0x12 表示十六进制数 12H。

长整数，在 C51 中当一个整数的值达到长整型的范围，则该数按长整型存放，在存储器中占四个字节。另外，如一个整数后面加一个字母 L，这个数在存储器中也按长整型存放。如 123L 在存储器中占四个字节。

（二）浮点型常量

浮点型常量也就是实型常数。有十进制表示形式和指数表示形式。

十进制表示形式又称定点表示形式，由数字和小数点组成。如 0.123、34.645 等都是十进制数表示形式的浮点型常量。

指数表示形式为：［±］数字［.数字］e［±］数字

例如：123.456e－3、－3.123e2 等都是指数形式的浮点型常量。

（三）字符型常量

字符型常量是用单引号引起的字符，如‘a’、‘1’、‘F’等。可以是可显示的 ASCII 字符，也可以是不可显示的控制字符。对不可显示的控制字符须在前面加上反斜杠“\”组成转义字符。利用它可以完成一些特殊功能和输出时的格式控制。常用的转义字符如表 2-2 所示。

表 2-2　转义字符表

转义字符	含义	ASCII 码（十六进制数）
\o	空字符（null）	00H
\n	换行符（LF）	0AH
\r	回车符（CR）	0DH
\t	水平制表符（HT）	09H
\b	退格符（BS）	08H
\f	换页符（FF）	0CH
\‘	单引号	27H
\”	双引号	22H
\\	反斜杠	5CH

（四）字符串型常量

字符串型常量由双引号“”括起的字符组成。如“D”、“1234”、“ABCD”等。注意字符串常量与字符常量是不一样，一个字符常量在计算机内只用一个字节存放，而一个字符串常量在内存中存放时不仅双引号内的字符一个占一个字节，而且系统会自动的在后面加一个转义字符“\o”作为字符串结束符。因此不要将字符常量和字符串常量混淆，如字符常量‘A’和字符串常量“A”是不一样的。

二、变量

变量是在程序运行过程中其值可以改变的量。一个变量由两部分组成：变量名和变量值。

在 C51 中，变量在使用前必须对变量进行定义，指出变量的数据类型和存储模式。以便编译系统为它分配相应的存储单元。定义的格式如下：

［存储种类］数据类型说明符［存储器类型］变量名 1［＝初值］，变量名 2［初值］…；

（一）数据类型说明符

在定义变量时，必须通过数据类型说明符指明变量的数据类型，指明变量在存储器中占用的字节数。可以是基本数据类型说明符，也可以是组合数据类型说明符，还可以是用 typedef 定义的类型别名。

在 C51 中，为了增加程序的可读性，允许用户为系统固有的数据类型说明符用 typedef 起别名，格式如下：

typedef c51 固有的数据类型说明符别名；

定义别名后，就可以用别名代替数据类型说明符对变量进行定义。别名可以用大写，也可以用小写，为了区别一般用大写字母表示。

【例 2-1】 typedef 的使用。

```
typedef unsigned int WORD;
typedef unsigned char BYTE;
BYTE a1= 0x12;
WORD a2= 0x1234;
```

（二）变量名

变量名是 C51 区分不同变量，为不同变量取的名称。在 C51 中规定变量名可以由字母、数字和下划线三种字符组成，且第一个字母必须为字母或下划线。变量名有两种：普通变量名和指针变量名。它们的区别是指针变量名前面要带“*”号。

（三）存储种类

存储种类是指变量在程序执行过程中的作用范围。C51 变量的存储种类有四种，分别是自动（auto）、外部（extern）、静态（static）和寄存器（register）。

1. auto：

使用auto定义的变量称为自动变量，其作用范围在定义它的函数体或复合语句内部，当定义它的函数体或复合语句执行时，C51才为该变量分配内存空间，结束时占用的内存空间释放。自动变量一般分配在内存的堆栈空间中。定义变量时，如果省略存储种类，则该变量默认为自动（auto）变量。

2. extern：

使用extern定义的变量称为外部变量。在一个函数体内，要使用一个已在该函数体外或别的程序中定义过的外部变量时，该变量在该函数体内要用extern说明。外部变量被定义后分配固定的内存空间，在程序整个执行时间内都有效，直到程序结束才释放。

3. static：

使用static定义的变量称为静态变量。它又分为内部静态变量和外部静态变量。在函数体内部定义的静态变量为内部静态变量，它在对应的函数体内有效，一直存在，但在函数体外不可见，这样不仅使变量在定义它的函数体外被保护，还可以实现当离开函数时值不被改变。外部静态变量上在函数外部定义的静态变量。它在程序中一直存在，但在定义的范围之外是不可见的。如在多文件或多模块处理中，外部静态变量只在文件内部或模块内部有效。

4. register：

使用register定义的变量称为寄存器变量。它定义的变量存放在CPU内部的寄存器中，处理速度快，但数目少。C51编译器编译时能自动识别程序中使用频率最高的变量，并自动将其作为寄存器变量，用户可以无须专门声明。

(四) 存储器类型

存储器类型是用于指明变量所处的单片机的存储器区域情况。存储器类型与存储种类完全不同。C51编译器能识别的存储器类型有以下几种，如表2-3所示。

表2-3　存储器类型表

存储器类型	描　述
data	直接寻址的片内RAM低128B，访问速度快
bdata	片内RAM的可位寻址区（20H～2FH），允许字节和位混合访问
idata	间接寻址访问的片内RAM，允许访问全部片内RAM
pdata	用Ri间接访问的片外RAM的低256B
xdata	用DPTR间接访问的片外RAM，允许访问全部64k片外RAM
code	程序存储器ROM 64k空间

定义变量时也可以省"存储器类型"，省时 C51 编译器将按编译模式默认存储器类型，具体编译模式的情况在后面介绍。

【例 2-2】变量定义存储种类和存储器类型相关情况。

```
char data var1;
```

说明：在片内 RAM 低 128B 定义用直接寻址方式访问的字符型变量 var1

```
int idata var2;
```

说明：在片内 RAM256B 定义用间接寻址方式访问的整型变量 var2

```
auto unsigned long data var3;
```

说明：在片内 RAM128B 定义用直接寻址方式访问的自动无符号长整型变量 var3

```
extern float xdata var4;
```

说明：在片外 RAM64KB 空间定义用间接寻址方式访问的外部实型变量 var4

```
int code var5;
```

说明：在 ROM 空间定义整型变量 var5

```
unsign char bdata var6;
```

说明：在片内 RAM 位寻址区 20H～2FH 单元定义可字节处理和位处理的无符号字符型变量 var6

(五) 特殊功能寄存器变量

51 系列单片机片内有许多特殊功能寄存器，通过这些特殊功能寄存器可以控制 51 系列单片机的定时器、计数器、串口、I/O 及其他功能部件，每一个特殊功能寄存器在片内 RAM 中都对应于一个字节单元或两个字节单元。

在 C51 中，允许用户对这些特殊功能寄存器进行访问，访问时须通过 sfr 或 sfr16 类型说明符进行定义，定义时须指明它们所对应的片内 RAM 单元的地址。格式如下：

sfr 或 sfr16 特殊功能寄存器名＝地址；

sfr 用于对 51 单片机中单字节的特殊功能寄存器进行定义，sfr16 用于对双字节特殊功能寄存器进行定义。特殊功能寄存器名一般用大写字母表示。地址一般用直接地址形式。

【例 2-3】特殊功能寄存器的定义。

```
sfr PSW= 0xd0;
sfr SCON= 0x98;
sfr TMOD= 0x89;
sfr P1= 0x90;
sfr16 DPTR= 0x82;
sfr16 T1= 0X8A;
```

(六) 位变量

在 C51 中，允许用户通过位类型符定义位变量。位类型符有两个：bit 和 sbit。可以定义两种位变量。

bit 位类型符用于定义一般的可位处理位变量。

它的格式如下：

```
bit 位变量名；
```

在格式中可以加上各种修饰，但注意存储器类型只能是 bdata、data、idata。只能是片内 RAM 的可位寻址区，严格来说只能是 bdata。

【例 2-4】 bit 型变量的定义。

```
bit data a1;          bit 型变量的定义正确
bit bdata a2;         bit 型变量的定义正确
bit pdata a3;         bit 型变量的定义错误
bit xdata a4;         bit 型变量的定义错误/
```

sbit 位类型符用于定义在可位寻址字节或特殊功能寄存器中的位，定义时须指明其位地址，可以是位直接地址，可以是可位寻址变量带位号，也可以是特殊功能寄存器名带位号。格式如下：

```
sbit 位变量名= 位地址；
```

如位地址为位直接地址，其取值范围为 0x00～0xff；如位地址是可位寻址变量带位号或特殊功能寄存器名带位号，则在它前面须对可位寻址变量或特殊功能寄存器进行定义。字节地址与位号之间、特殊功能寄存器与位号之间一般用“^”作间隔。

【例 2-5】 sbit 型变量的定义：

```
sbit OV= 0xd2;
sbit CY= oxd7;
unsigned char bdata flag;
sbit flag0= flag^0;
sfr P1= 0x90;
sbit P1_0= P1^0;
sbit P1_1= P1^1;
sbit P1_2= P1^2;
sbit P1_3= P1^3;
sbit P1_4= P1^4;
sbit P1_5= P1^5;
sbit P1_6= P1^6;
sbit P1_7= P1^7;
```

在 C51 中，为了用户处理方便，C51 编译器把 51 单片机的常用的特殊功能寄存器和特殊位进行了定义，放在一个“reg51. h”或“reg52. h”的头文件中，当用户要使用时，只需要在使用之前用一条预处理命令＃include ＜reg51. h＞把这个头文件包含到程序中，然后就可使用特殊功能寄存器名和特殊位名称。

2.4 存储模式

C51 编译器支持三种存储模式：SMALL 模式、COMPACT 模式和 LARGE 模式。不同的存储模式对变量默认的存储器类型不一样。

1. SMALL 模式。SMALL 模式称为小编译模式，在 SMALL 模式下，编译时，函数参数和变量被默认在片内 RAM 中，存储器类型为 data。

2. COMPACT 模式。COMPACT 模式称为紧凑编译模式，在 COMPACT 模式下，编译时，函数参数和变量被默认在片外 RAM 的低 256 字节空间，存储器类型为 pdata。

3. LARGE 模式。LARGE 模式称为大编译模式，在 LARGE 模式下，编译时函数参数和变量被默认在片外 RAM 的 64K 字节空间，存储器类型为 xdata。

在程序中变量的存储模式的指定通过＃pragma 预处理命令来实现。函数的存储模式可通过在函数定义时后面带存储模式说明。如果没有指定，则系统都隐含为 SMALL 模式。

【例 2-6】 变量的存储模式。

```
# pragma small                  //变量的存储模式为 SMALL
char k1;
int xdata m1;
# pragma compact                //变量的存储模式为 SMALL
char k2;
int xdata m2;
int func1(int x1,int y1) large  //函数的存储模式为 LARGE
{  return(x1+ y1);  }
int func2(int x2,int y2)        //函数的存储模式隐含为 SMALL
{  return(x2- y2);    }
```

程序编译时，k1 变量存储器类型为 data，k2 变量存储器类型为 pdata，而 m1 和 m2 由于定义时带了存储器类型 xdata，因而它们为 xdata 型；函数 func1 的形参 x1 和 y1 的存储器类型为 xdata 型，而函数 func2 由于没有指明存储模式，隐含为 SMALL 模式，形参 x2 和 y2 的存储器类型为 data。

2.5 绝对地址的访问

一、使用 C51 运行库中预定义宏

C51 编译器提供了一组宏定义来对 51 系列单片机的 code、data、pdata 和 xdata 空间进行绝对寻址。规定只能以无符号数方式访问，定义了 8 个宏定义，其函数原型

如下：

```
# define CBYTE((unsigned char volatile* )0x50000L)
# define DBYTE((unsigned char volatile* )0x40000L)
# define PBYTE((unsigned char volatile* )0x30000L)
# define XBYTE((unsigned char volatile* )0x20000L)
# define CWORD((unsigned int volatile* )0x50000L)
# define DWORD((unsigned int volatile* )0x40000L)
# define PWORD((unsigned int volatile* )0x30000L)
# define XWORD((unsigned int volatile* )0x20000L)
```

这些函数原型放在 absacc. h 文件中。使用时须用预处理命令把该头文件包含到文件中，形式为：#include <absacc. h>。

其中：CBYTE 以字节形式对 code 区寻址，DBYTE 以字节形式对 data 区寻址，PBYTE 以字节形式对 pdata 区寻址，XBYTE 以字节形式对 xdata 区寻址，CWORD 以字形式对 code 区寻址，DWORD 以字形式对 data 区寻址，PWORD 以字形式对 pdata 区寻址，XWORD 以字形式对 xdata 区寻址。

【例 2-7】 绝对地址对存储单元的访问。

```
# include < absacc. h>                //将绝对地址头文件包含在文件中
# include < reg51. h>                 //将寄存器头文件包含在文件中
# define uchar unsigned char          //定义符号 uchar 为数据类型符 unsigned char
# define uint unsigned int            //定义符号 uint 为数据类型符 unsigned int
void main(void)
{  uchar var1;
   uint var2;
var1= XBYTE[0x0005];                  //XBYTE[0x0005]访问片外 RAM 的 0005 字节单元
var2= XWORD[0x0002];                  //XWORD[0x0002]访问片外 RAM 的 000 字单元
……
while(1);
}
```

在上面程序中，其中 XBYTE [0x0005] 就是以绝对地址方式访问的片外 RAM 0005 字节单元；XWORD [0x0002] 就是以绝对地址方式访问的片外 RAM 0002 字单元。

二、通过指针访问

采用指针的方法，可以实现在 C51 程序中对任意指定的存储器单元进行访问。

【例 2-8】 通过指针实现绝对地址的访问。

```
# define uchar unsigned char          //定义符号 uchar 为数据类型符 unsigned char
# define uint unsigned int            //定义符号 uint 为数据类型符 unsigned int
void func(void)
```

```
{
uchar data var1;
uchar pdata * dp1;                 //定义一个指向 pdata 区的指针 dp1
uintxdata * dp2;                   //定义一个指向 xdata 区的指针 dp2
uchar data * dp3;                  //定义一个指向 data 区的指针 dp3
dp1= 0x30;                         //dp1 指针赋值,指向 pdata 区的 30H 单元
dp2= 0x1000;                       //dp2 指针赋值,指向 xdata 区的 1000H 单元
* dp1= 0xff;                       //将数据 0xff 送到片外 RAM30H 单元
* dp2= 0x1234;                     //将数据 0x1234 送到片外 RAM1000H 单元
dp3= &var1;                        //dp3 指针指向 data 区的 var1 变量
* dp3= 0x20;                       //给变量 var1 赋值 0x20
}
```

三、使用 C51 扩展关键字 _ at _

使用 _ at _ 对指定的存储器空间的绝对地址进行访问，一般格式如下：

[存储器类型]　数据类型说明符　变量名　_ at _　地址常数；

其中，存储器类型为 data、bdata、idata、pdata 等 C51 能识别的数据类型，如省略则按存储模式规定的默认存储器类型确定变量的存储器区域；数据类型为 C51 支持的数据类型。地址常数用于指定变量的绝对地址，必须位于有效的存储器空间之内；使用 _ at _ 定义的变量必须为全局变量。

【例 2-9】 通过 _ at _ 实现绝对地址的访问。

```
# define uchar unsigned char        //定义符号 uchar 为数据类型符 unsigned char
# define uint unsigned int          //定义符号 uint 为数据类型符 unsigned int
void main(void)
{
data uchar x1 _at_ 0x40;           //在 data 区中定义字节变量 x1,它的地址为 40H
xdata uint x2 _at_ 0x2000;         //在 xdata 区中定义字变量 x2,它的地址为 2000H
x1= 0xff;
x2= 0x1234;
……
while(1);
}
```

2.6 C51 的运算符及表达式

一、赋值运算符

赋值运算符“＝”，在 C51 中，它的功能是将一个数据的值赋给一个变量，如 x＝

10。利用赋值运算符将一个变量与另一个表达式连接起来的式子称为赋值表达式，在赋值表达式的后面加一个分号“;”就构成了赋值语句，一个赋值语句的格式如下：

```
变量= 表达式;
```

执行时先计算出右边表达式的值，然后赋给左边的变量。例如：

```
x= 8+ 9;                    //将 8+ 9 的值赋给变量 x
x= y= 5;                    //将常数 5 同时赋给变量 x 和 y
```

在 C51 中，允许在一个语句中同时给多个变量赋值，赋值顺序自右向左。

二、算术运算符

C51 中支持的算术运算符有：

```
+                           加或取正值运算符
-                           减或取负值运算符
*                           乘运算符
/                           除运算符
%                           取余运算符
```

加、减、乘运算相对比较简单，而对于除运算，如相除的两个数为浮点数，则运算的结果也为浮点数，如相除的两个数为整数，则运算的结果也为整数，即为整除。如 25.0/20.0 结果为 1.25，而 25/20 结果为 1。

对于取余运算，则要求参加运算的两个数必须为整数，运算结果为它们的余数。例如：x＝5％3，结果 x 的值为 2。

三、关系运算符

C51 中有 6 种关系运算符：

```
>                           大于
<                           小于
> =                         大于等于
< =                         小于等于
= =                         等于
! =                         不等于
```

关系运算用于比较两个数的大小，用关系运算符将两个表达式连接起来形成的式子称为关系表达式。关系表达式通常用来作为判别条件构造分支或循环程序。关系表达式的一般形式如下：

```
表达式 1  关系运算符  表达式 2
```

关系运算的结果为逻辑量，成立为真（1），不成立为假（0）。其结果可以作为一个逻辑量参与逻辑运算。例如：5＞3，结果为真（1），而 10＝＝100，结果为假（0）。

注意：关系运算符等于“＝＝”是由两个“＝”组成。

四、逻辑运算符

C51 有 3 种逻辑运算符：

||	逻辑或
&&	逻辑与
!	逻辑非

关系运算符用于反映两个表达式之间的大小关系，逻辑运算符则用于求条件式的逻辑值，用逻辑运算符将关系表达式或逻辑量连接起来的式子就是逻辑表达式。

逻辑与格式：

```
条件式 1  &&  条件式 2
```

当条件式 1 与条件式 2 都为真时结果为真（非 0 值），否则为假（0 值）。

逻辑或格式：

```
条件式 1  ||  条件式 2
```

当条件式 1 与条件式 2 都为假时结果为假（0 值），否则为真（非 0 值）。

逻辑非格式：

```
! 条件式
```

当条件式原来为真（非 0 值），逻辑非后结果为假（0 值）。当条件式原来为假（0 值），逻辑非后结果为真（非 0 值）。

例如：若 a=8，b=3，c=0，则！a 为假，a && b 为真，b && c 为假。

C51 语言能对运算对象按位进行操作，它与汇编语言使用一样方便。位运算是按位对变量进行运算，但并不改变参与运算的变量的值。如果要求按位改变变量的值，则要利用相应的赋值运算。C51 中位运算符只能对整数进行操作，不能对浮点数进行操作。

五、位运算符

&	按位与
|	按位或
^	按位异或
~	按位取反
< <	左移
> >	右移

【例 2-10】 设 a=0x45=01010100B，b=0x3b=00111011B，则 a&b、a | b、a^b、～a、a<<2、b>>2 分别为多少？

```
a&b= 00010000b= 0x10
a|b= 01111111B= 0x7f
a^b= 01101111B= 0x6f
~ a= 10101011B= 0xab
```

```
a< < 2= 01010000B= 0x50
b> > 2= 00001110B= 0x0e
```

六、复合赋值运算符

C51语言中支持在赋值运算符"="的前面加上其他运算符，组成复合赋值运算符。下面是C51中支持的复合赋值运算符：

```
+ = 加法赋值              -+ 减法赋值
* = 乘法赋值              /= 除法赋值
% = 取模赋值              &= 逻辑与赋值
|= 逻辑或赋值             ^= 逻辑异或赋值
~ = 逻辑非赋值            > > = 右移位赋值
< < = 左移位赋值
```

复合赋值运算的一般格式如下：

```
变量  复合运算赋值符  表达式
```

它的处理过程：先把变量与后面的表达式进行某种运算，然后将运算的结果赋给前面的变量。其实这是C51语言中简化程序的一种方法，大多数二目运算都可以用复合赋值运算符简化表示。例如：a+=6相当于a=a+6；a*=5相当于a=a*5；b&=0x55相当于b=b&0x55；x>>=2相当于x=x>>2。

七、逗号运算符

在C51语言中，逗号","是一个特殊的运算符，可以用它将两个或两个以上的表达式连接起来，称为逗号表达式。

逗号表达式的一般格式为：

```
表达式1,表达式2,……,表达式n
```

程序执行时对逗号表达式的处理：按从左至右的顺序依次计算出各个表达式的值，而整个逗号表达式的值是最右边的表达式（表达式n）的值。例如：x=（a=3，6*3）结果x的值为18。

八、条件运算符

条件运算符"?:"是C51语言中唯一的一个三目运算符，它要求有三个运算对象，用它可以将三个表达式连接在一起构成一个条件表达式。

条件表达式的一般格式为：

```
逻辑表达式? 表达式1:表达式2
```

其功能是先计算逻辑表达式的值，当逻辑表达式的值为真（非0值）时，将计算的表达式1的值作为整个条件表达式的值；当逻辑表达式的值为假（0值）时，将计算的表达式2的值作为整个条件表达式的值。例如：条件表达式max=（a>b）？a：b的执行结果是将a和b中较大的数赋值给变量max。

九、指针与地址运算符

指针是 C51 语言中的一个十分重要的概念，在 C51 中的数据类型中专门有一种指针类型。指针为变量的访问提供了另一种方式，变量的指针就是该变量的地址，还可以定义一个专门指向某个变量的地址的指针变量。

为了表示指针变量和它所指向的变量地址之间的关系，C51 中提供了两个专门的运算符：

```
*                                   指针运算符
&                                   取地址运算符
```

指针运算符“*”放在指针变量前面，通过它实现访问以指针变量的内容为地址所指向的存储单元。例如：指针变量 p 中的地址为 2000H，则 *p 所访问的是地址为 2000H 的存储单元，x=*p，实现把地址为 2000H 的存储单元的内容送给变量 x。

取地址运算符“&”放在变量的前面，通过它取得变量的地址，变量的地址通常送给指针变量。例如：设变量 x 的内容为 12H，地址为 2000H，则 &x 的值为 2000H，如有一指针变量 p，则通常用 p=&x，实现将 x 变量的地址送给指针变量 p，指针变量 p 指向变量 x，以后可以通过 *p 访问变量 x。

2.7 表达式语句及复合语句

一、表达式语句

在表达式的后边加一个分号“;”就构成了表达式语句，如：

```
a= + + b* 9;
x= 8;y= 7;
+ + k;
```

可以一行放一个表达式形成表达式语句，也可以一行放多个表达式形成表达式语句，这时每个表达式后面都必须带“;”号，另外，还可以仅由一个分号“;”占一行形成一个表达式语句，这种语句称为空语句。

空语句在程序设计中通常用于两种情况：

1. 在程序中为有关语句提供标号，用以标记程序执行的位置。例如采用下面的语句可以构成一个循环。

```
repeat:;
  :
  goto repeat;
```

2. 在用 while 语句构成的循环语句后面加一个分号，形成一个不执行其他操作的空循环体。这种结构通常用于对某位进行判断，当不满足条件则等待，满足条件则执行。

【例 2-11】 下面这段子程序用于读取 8051 单片机的串行口的数据，当没有接收到则等待，当接收到，接收数据后返回，返回值为接收的数据。

```
# include < reg51. h>
char getchar()
{
char c;
while(! RI);                        //当接收中断标志位 RI 为 0 则等待，当接收中断标志位
                                      为 1 则等待结束
c= SBUF;
RI= 0;
return(c);
}
```

二、复合语句

复合语句是由若干条语句组合而成的一种语句，在 C51 中，用一个大括号“{}”将若干条语句括在一起就形成了一个复合语句，复合语句最后不需要以分号“;”结束，但它内部的各条语句仍需以分号“;”结束。

复合语句的一般形式为：

```
{
局部变量定义；
语句 1；
语句 2；
}
```

复合语句在执行时，其中的各条单语句按顺序依次执行，整个复合语句在语法上等价于一条单语句，因此在 C51 中可以将复合语句视为一条单语句。通常复合语句出现在函数中，实际上，函数的执行部分（即函数体）就是一个复合语句；复合语句中的单语句一般是可执行语句，此外还可以是变量的定义语句（说明变量的数据类型）。在复合语句内部语句所定义的变量，称为该复合语句中的局部变量，它仅在当前这个复合语句中有效。利用复合语句将多条单语句组合在一起，以及在复合语句中进行局部变量定义是 C51 语言的一个重要特征。

2.8 C51 的输入输出

在 C51 语言中，它本身不提供输入和输出语句，输入和输出操作是由函数来实现的。在 C51 的标准函数库中提供了一个名为“stdio. h”的一般 I/O 函数库，它当中定

义了 C51 中的输入和输出函数。当对输入和输出函数使用时，须先用预处理命令“#include <stdio.h>”将该函数库包含到文件中。

在 C51 的一般 I/O 函数库中定义的 I/O 函数都是通过串行接口实现，在使用 I/O 函数之前，应先对 51 单片机的串行接口进行初始化。选择串口工作于方式 2（8 位自动重载方式），波特率由定时器/计数器 1 溢出率决定。例如，设系统时钟为 12MHZ，波特率为 2400，则初始化程序如下：

```
SCON= 0x52;
TMOD= 0X20;
TH1= 0xf3;
TR1= 1;
```

一、格式输出函数 printf（）

printf（）函数的作用是通过串行接口输出若干任意类型的数据，它的格式如下：

printf（格式控制，输出参数表）

格式控制是用双引号括起来的字符串，也称转换控制字符串，它包括三种信息：格式说明符、普通字符和转义字符。

1. 格式说明符，由“%”和格式字符组成，它的作用是用于指明输出的数据的格式输出，如%d、%f 等，它们的具体情况见下表。

2. 普通字符，这些字符按原样输出，用来输出某些提示信息。

3. 转义字符，就是前面介绍的转义字符（下表），用来输出特定的控制符，如输出转义字符 \ n 就是使输出换一行。

输出参数表是需要输出的一组数据，可以是表达式，如表 2-4 所示。

表 2-4 输出参数表

格式字符	数据类型	输出格式
d	int	带符号十进制数
u	int	无符号十进制数
o	int	无符号八进制数
x	int	无符号十六进制数，用“a～f”表示
X	int	无符号十六进制数，用“A～F”表示
f	float	带符号十进制数浮点数，形式为［－］dddd. dddd
e，E	float	带符号十进制数浮点数，形式为［－］d. ddddE ±dd
g，G	float	自动选择 e 或 f 格式中更紧凑的一种输出格式
c	char	单个字符

(续表)

格式字符	数据类型	输出格式
s	指针	指向一个带结束符的字符串
p	指针	带存储器批示符和偏移量的指针，形式为 M：aaaa。其中，M 可分别为：C（code），D（data），I（idata），P（pdata），如 M 为 a，则表示的是指针偏移量

二、格式输入函数 scanf（）

scanf（）函数的作用是通过串行接口实现数据输入，它的使用方法与 printf（）类似，scanf（）的格式如下：

```
scanf(格式控制,地址列表)
```

格式控制与 printf（）函数的情况类似，也是用双引号括起来的一些字符，可以包括以下三种信息：空白字符、普通字符和格式说明。

1. 空白字符，包含空格、制表符、换行符等，这些字符在输出时被忽略。

2. 普通字符，除了以百分号“%”开头的格式说明符从外的所有非空白字符，在输入时要求原样输入。

3. 格式说明，由百分号“%”和格式说明符组成，用于指明输入数据的格式，它的基本情况与 printf（）相同，具体情况见表 2-4。

地址列表是由若干个地址组成，它可以是指针变量、取地址运算符“&”加变量（变量的地址）或字符串名（表示字符串的首地址）。如表 2-5 所示。

表 2-5 输入格式表

格式字符	数据类型	输出格式
d	int 指针	带符号十进制数
u	int 指针	无符号十进制数
o	int 指针	无符号八进制数
x	int 指针	无符号十六进制数
f，e，E	float 指针	浮点数
c	char 指针	字符
s	string 指针	字符串

【例 2-12】使用格式输入输出函数的例子

```
# include < reg51. h>                    //包含特殊功能寄存器库
# include < stdio. h>                    //包含 I/O 函数库
void main(void)                          //主函数
```

```
{
int x,y;                                  //定义整型变量 x 和 y
SCON= 0x52;                               //串口初始化
TMOD= 0x20;
TH1= 0XF3;
TR1= 1;
printf("input x,y\n");                    //输出提示信息
scanf("% d% d",&x,&y);                    //输入 x 和 y 的值
printf("\n");                             //输出换行
printf("% d+ % d= % d",x,y,x+ y);         //按十进制形式输出
printf("\n");                             //输出换行
printf("% xH+ % xH= % XH",x,y,x+ y);      //按十六进制形式输出
while(1);                                 //结束
}
```

2.9 C51 程序基本结构与相关语句

一、C51 的基本结构

(一) 顺序结构

顺序结构是最基本、最简单的结构，在这种结构中，程序由低地址到高地址依次执行，如图给出顺序结构流程图，程序先执行 A 操作，然后再执行 B 操作。如图 2-1 所示。

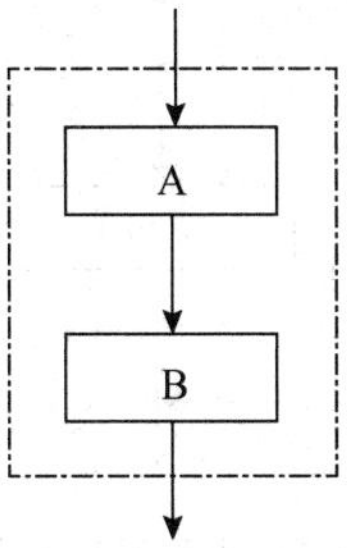

图 2-1 顺序结构图

(二) 选择结构

选择结构可使程序根据不同的情况，选择执行不同的分支，在选择结构中，程序先都对一个条件进行判断。当条件成立，即条件语句为“真”时，执行一个分支，当

条件不成立时，即条件语句为“假”时，执行另一个分支。如图：当条件 S 成立时，执行分支 A，当条件 P 不成立时，执行分支 B，如图 2-2 所示。

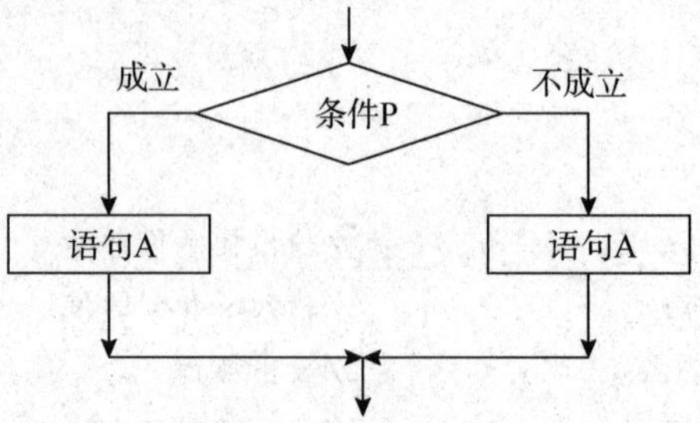

图 2-2　选择结构图

在 C51 中，实现选择结构的语句为 if/else，if/else if 语句。另外在 C51 中还支持多分支结构，多分支结构既可以通过 if 和 else if 语句嵌套实现，可用 swith/case 语句实现。

(三) 循环结构

在程序处理过程中，有时需要某一段程序重复执行多次，这时就需要循环结构来实现，循环结构就是能够使程序段重复执行的结构。循环结构又分为两种：当（while）型循环结构和直到（do... while）型循环结构。

（1）当型循环结构

当型循环结构如图：当条件 P 成立（为“真”）时，重复执行语句 A，当条件不成立（为“假”）时才停止重复，执行后面的程序，如图 2-3 所示。

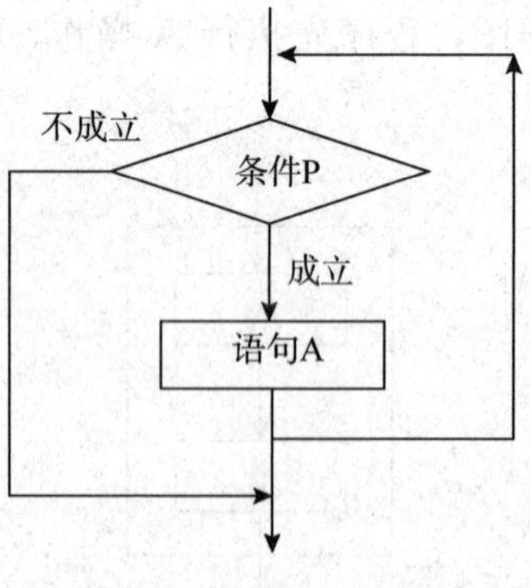

图 2-3　当型循环结构图

（2）直到型循环结构

直到型循环结构，先执行语句 A，再判断条件 P，当条件成立（为“真”）时，再重复执行语句 A，直到条件不成立（为“假”）时才停止重复，执行后面的程序，如图 2-4 所示。

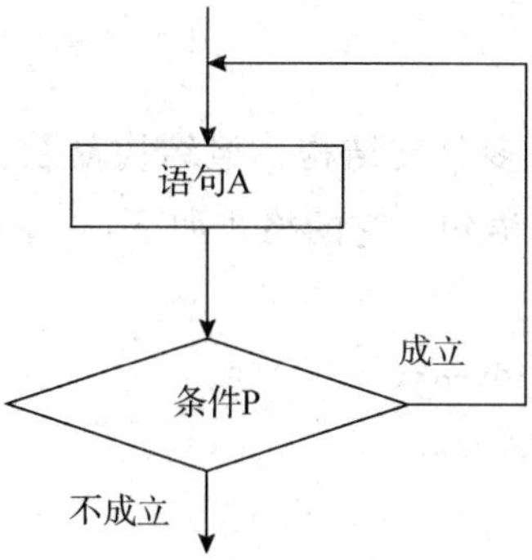

图 2-4 直到型循环结构图

构成循环结构的语句主要有：while、do while、for、goto

二、if 语句

if 语句是 C51 中的一个基本条件选择语句，它通常有三种格式：

(1) if (表达式) {语句;}

(2) if (表达式) {语句 1;}
    else {语句 2;}

(3) if (表达式 1) {语句 1;}
    elseif (表达式 2) (语句 2;)
    elseif (表达式 3) (语句 3;)
    ……
    else if (表达式 n－1) (语句 n－1;)
    else {语句 n}

【例 2-13】 if 语句的用法。

(1) `if (x! = y) printf(“x= % d,y= % d\n”,x,y);`

执行上面语句时，如果 x 不等于 y，则输出 x 的值和 y 的值。

(2)
```
if (x> y) max= x;
else max= y;
```

执行上面语句时，如 x 大于 y 成立，则把 x 送给最大值变量 max，如 x 大于 y 不成立，则把 y 送给最大值变量 max。使 max 变量得到 x、y 中的大数。

(3)
```
if (score> = 90) printf(“Your result is an A\n”);
else if (score> = 80) printf(“Your result is an B\n”);
else if (score> = 70) printf(“Your result is an C\n”);
else if (score> = 60) printf(“Your result is an D\n”);
else printf(“Your result is an E\n”);
```

执行上面语句后，能够根据分数 score 分别打出 A、B、C、D、E 五个等级。

三、switch /case 语句

if 语句通过嵌套可以实现多分支结构，但结构复杂。switch 是 C51 中提供的专门处理多分支结构的多分支选择语句。它的格式如下：

```
switch(表达式)
{case 常量表达式 1:{语句 1;}break;
case 常量表达式 2:{语句 2;}break;
……
case 常量表达式 n:{语句 n;}break;
default:{语句 n+ 1;}
```

说明如下：

（1）switch 后面括号内的表达式，可以是整型或字符型表达式。

（2）当该表达式的值与某一“case”后面的常量表达式的值相等时，就执行该“case”后面的语句，然后遇到 break 语句退出 switch 语句。若表达式的值与所有 case 后的常量表达式的值都不相同，则执行 default 后面的语句，然后退出 switch 结构。

（3）每一个 case 常量表达式的值必须不同否则会出现自相矛盾的现象。

（4）case 语句和 default 语句的出现次序对执行过程没有影响。

（5）每个 case 语句后面可以有“break”，也可以没有。有 break 语句，执行到 break 则退出 switch 结构，若没有，则会顺次执行后面的语句，直到遇到 break 或结束。

（6）每一个 case 语句后面可以带一个语句，也可以带多个语句，还可以不带。语句可以用花括号括起，也可以不括。

（7）多个 case 可以共用一组执行语句。

【例 2-14】 switch/case 语句的用法。

对学生成绩划分为 A～D，对应不同的百分制分数，要求根据不同的等级打印出它的对应百分数。可以通过下面的 switch/case 语句实现。

```
……
switch(grade)
{
case‘A’;printf(”90~ 100\n”);break;
case‘B’;printf(”80~ 90\n”);break;
case‘C’;printf(”70~ 80\n”);break;
case‘D’;printf(”60~ 70\n”);break;
case‘E’;printf(”< 60\n”);break;
default;printf(”error”\n)
}
```

四、while 语句

while 语句在 C51 中用于实现当型循环结构，它的格式如下：

```
while(表达式)
    {语句;}                  //循环体
```

while 语句后面的表达式是能否循环的条件，后面的语句是循环体。当表达式为非0（真）时，就重复执行循环体内的语句；当表达式为 0（假），则中止 while 循环，程序将执行循环结构之外的下一条语句。它的特点是：先判断条件，后执行循环体。在循环体中对条件进行改变，然后再判断条件，如条件成立，则再执行循环体，如条件不成立，则退出循环。如条件第一次就不成立，则循环体一次也不执行。

【例 2-15】下面程序是通过 while 语句实现计算并输出 1～100 的累加和。

```
# include < reg51. h>                //包含特殊功能寄存器库
# include < stdio. h>                //包含 I/O 函数库
void main(void)                      //主函数
{
int i,s= 0;                          //定义整型变量 x 和 y
i= 1;
SCON= 0x52;                          //串口初始化
TMOD= 0x20;
TH1= 0XF3;
TR1= 1;
while (i< = 100)                     //累加 1~ 100 之和在 s 中
{
s= s+ i;
i+ + ;
}
printf("1+ 2+ 3……+ 100= % d\n",s);
while(1);
}
```

程序执行的结果：

1＋2＋3……＋100＝5050

E. do while 语句

do while 语句在 C51 中用于实现直到型循环结构，它的格式如下：

```
do
    {语句;}                  //循环体
while(表达式);
```

它的特点是：先执行循环体中的语句，后判断表达式。如表达式成立（真），则再执行循环体，然后又判断，直到有表达式不成立（假）时，退出循环，执行 do while

结构的下一条语句。do while 语句在执行时，循环体内的语句至少会被执行一次。

【例 2-16】通过 do while 语句实现计算并输出 1～100 的累加和。

```
# include < reg51. h>                    //包含特殊功能寄存器库
# include < stdio. h>                    //包含 I/O 函数库
void main(void)                          //主函数
{
int i,s= 0;                              //定义整型变量 x 和 y
i= 1;
SCON= 0x52;                              //串口初始化
TMOD= 0x20;
TH1= 0XF3;
TR1= 1;
do                                       //累加 1~ 100 之和在 s 中
{
s= s+ i;
i+ + ;
}
while (i< = 100);
printf("1+ 2+ 3……+ 100= % d\n",s);
while(1);
}
```

五、for 语句

```
for（表达式 1；表达式 2；表达式 3）
{语句；}                                  //循环体
```

for 语句后面带三个表达式，它的执行过程如下：

（1）先求解表达式 1 的值。

（2）求解表达式 2 的值，如表达式 2 的值为真，则执行循环体中的语句，然后执行下一步（3）的操作，如表达式 2 的值为假，则结束 for 循环，转到最后一步。

（3）若表达式 2 的值为真，则执行完循环体中的语句后，求解表达式 3，然后转到第四步。

（4）转到（2）继续执行。

（5）退出 for 循环，执行下面的一条语句。

在 for 循环中，一般表达式 1 为初值表达式，用于给循环变量赋初值；表达式 2 为条件表达式，对循环变量进行判断；表达式 3 为循环变量更新表达式，用于对循环变量的值进行更新，使循环变量能不满足条件而退出循环。

【例 2-17】用 for 语句实现计算并输出 1～100 的累加和。

```
# include < reg51. h>                    //包含特殊功能寄存器库
```

```
# include < stdio. h>                    //包含 I/O 函数库
void main(void)                          //主函数
{
int i,s= 0;                              //定义整型变量 x 和 y
SCON= 0x52;                              //串口初始化
TMOD= 0x20;
TH1= 0XF3;
TR1= 1;
for (i= 1;i< = 100;i+ + ) s= s+ i;       //累加 1~ 100 之和在 s 中
printf("1+ 2+ 3……+ 100= % d\n",s);
while(1);
}
```

六、循环的嵌套

在一个循环的循环体中允许又包含一个完整的循环结构，这种结构称为循环的嵌套。外面的循环称为外循环，里面的循环称为内循环，如果在内循环的循环体内又包含循环结构，就构成了多重循环。在 C51 中允许三种循环结构相互嵌套。

【例 2-18】用嵌套结构构造一个延时程序。

```
void delay(unsigned int x)
{
unsigned char j;
while(x- - )
{for (j= 0;j< 125;j+ + );}
}
```

用内循环构造一个基准的延时，调用时通过参数设置外循环的次数，这样就可以形成各种延时关系。

七、break 和 continue 语句

break 和 continue 语句通常用于循环结构中，用来跳出循环结构。但是二者又有所不同，下面分别介绍。

1. break 语句

前面已介绍过用 break 语句可以跳出 switch 结构，使程序继续执行 switch 结构后面的一个语句。使用 break 语句还可以从循环体中跳出循环，提前结束循环而接着执行循环结构下面的语句。它不能用在除了循环语句和 switch 语句之外的任何其他语句中。

【例 2-19】下面一段程序用于计算圆的面积，当计算到面积大于 100 时，由 break 语句跳出循环。

```
for (r= 1;r< = 10;r+ + )
```

```
{
area= pi* r* r;
if (area> 100) break;
printf("% f\n",area);
}
```

2. continue 语句

continue 语句用在循环结构中，用于结束本次循环，跳过循环体中 continue 下面尚未执行的语句，直接进行下一次是否执行循环的判定。

continue 语句和 break 语句的区别在于：continue 语句只是结束本次循环而不是终止整个循环；break 语句则是结束循环，不再进行条件判断。

【例 2-20】 输出 100～200 间不能被 3 整除的数。

```
for (i= 100;i< = 200;i+ + )
{
if (i% 3= = 0) continue;
printf("% d ";i);
}
```

在程序中，当 i 能被 3 整除时，执行 continue 语句，结束本次循环，跳过 printf () 函数，只有能被 3 整除时才执行 printf () 函数。

八、return 语句

return 语句一般放在函数的最后位置，用于终止函数的执行，并控制程序返回调用该函数时所处的位置。返回时还可以通过 return 语句带回返回值。return 语句格式有两种：

（1） return;

（2） return（表达式）;

如果 return 语句后面带有表达式，则要计算表达式的值，并将表达式的值作为函数的返回值。若不带表达式，则函数返回时将返回一个不确定的值。通常我们用 return 语句把调用函数取得的值返回给主调用函数。

2.10 函数

一、函数的定义

函数定义的一般格式如下：

函数类型　函数名（形式参数表）　［reentrant］［interrupt m］［using n］

```
形式参数说明
{
局部变量定义
函数体
}
```

前面部件称为函数的首部，后面称为函数的尾部，格式说明：

1. 函数类型

函数类型说明了函数返回值的类型。

2. 函数名

函数名是用户为自定义函数取的名字以便调用函数时使用。

3. 形式参数表

形式参数表用于列录在主调函数与被调用函数之间进行数据传递的形式参数。

【例 2-21】 定义一个返回两个整数的最大值的函数 max（）。

```
int max(int x,int y)
{    int z;
z= x> y? x:y;
return(z);
}
也可以用成这样：
int max(x,y)
int x,y;
{    int z;
z= x> y? x:y;
return(z);
}
```

4. reentrant 修饰符

这个修饰符用于把函数定义为可重入函数。所谓可重入函数就是允许被递归调用的函数。函数的递归调用是指当一个函数正被调用尚未返回时，又直接或间接调用函数本身。一般的函数不能做到这样，只有重入函数才允许递归调用。

关于重入函数，注意以下几点：

（1）用 reentrant 修饰的重入函数被调用时，实参表内不允许使用 bit 类型的参数。函数体内也不允许存在任何关于位变量的操作，更不能返回 bit 类型的值。

（2）编译时，系统为重入函数在内部或外部存储器中建立一个模拟堆栈区，称为重入栈。重入函数的局部变量及参数被放在重入栈中，使重入函数可以实现递归调用。

（3）在参数的传递上，实际参数可以传递给间接调用的重入函数。无重入属性的间接调用函数不能包含调用参数，但是可以使用定义的全局变量来进行参数传递。

5. interrupt m 修饰符

interrupt m 是 C51 函数中非常重要的一个修饰符，这是因为中断函数必须通过它进行修饰。在 C51 程序设计中，当函数定义时用了 interrupt m 修饰符，系统编译时把对应函数转化为中断函数，自动加上程序头段和尾段，并按 51 系统中断的处理方式自动把它安排在程序存储器中的相应位置。

在该修饰符中，m 的取值为 0～31，对应的中断情况如下：

0——外部中断 0

1——定时/计数器 T0

2——外部中断 1

3——定时/计数器 T1

4——串行口中断

5——定时/计数器 T2

其它值预留。

编写 51 中断函数注意如下：

(1) 中断函数不能进行参数传递，如果中断函数中包含任何参数声明都将导致编译出错。

(2) 中断函数没有返回值，如果企图定义一个返回值将得不到正确的结果，建议在定义中断函数时将其定义为 void 类型，以明确说明没有返回值。

(3) 在任何情况下都不能直接调用中断函数，否则会产生编译错误。因为中断函数的返回是由 8051 单片机的 RETI 指令完成的，RETI 指令影响 8051 单片机的硬件中断系统。如果在没有实际中断情况下直接调用中断函数，RETI 指令的操作结果会产生一个致命的错误。

(4) 如果在中断函数中调用了其他函数，则被调用函数所使用的寄存器必须与中断函数相同。否则会产生不正确的结果。

(5) C51 编译器对中断函数编译时会自动在程序开始和结束处加上相应的内容，具体如下：在程序开始处对 ACC、B、DPH、DPL 和 PSW 入栈，结束时出栈。中断函数未加 using n 修饰符的，开始时还要将 R0～R1 入栈，结束时出栈。如中断函数加 using n 修饰符，则在开始将 PSW 入栈后还要修改 PSW 中的工作寄存器组选择位。

(6) C51 编译器从绝对地址 8m+3 处产生一个中断向量，其中 m 为中断号，也即 interrupt 后面的数字。该向量包含一个到中断函数入口地址的绝对跳转。

(7) 中断函数最好写在文件的尾部，并且禁止使用 extern 存储类型说明。防止其他程序调用。

【例 2-22】 编写一个用于统计外中断 0 的中断次数的中断服务程序。

```
extern int x;
void int0() interrupt 0 using 1
{
```

```
  x+ + ;
}
```

6. using n 修饰符

修饰符 using n 用于指定本函数内部使用的工作寄存器组，其中 n 的取值为 0～3，表示寄存器组号。

对于 using n 修饰符的使用，注意以下几点：

(1) 加入 using n 后，C51 在编译时自动的在函数的开始处和结束处加入以下指令。

```
{
PUSH PSW;标志寄存器入栈
MOV PSW,# 与寄存器组号相关的常量
……
POP PSW;标志寄存器出栈
}
```

(2) using n 修饰符不能用于有返回值的函数，因为 C51 函数的返回值是放在寄存器中的。如寄存器组改变了，返回值就会出错。

二、函数的调用与声明

(一) 函数的调用

函数调用的一般形式如下：

函数名(实参列表);

对于有参数的函数调用，若实参列表包含多个实参，则各个实参之间用逗号隔开。

按照函数调用在主调函数中出现的位置，函数调用方式有以下三种：

1. 函数语句。把被调用函数作为主调用函数的一个语句。

2. 函数表达式。函数被放在一个表达式中，以一个运算对象的方式出现。这时的被调用函数要求带有返回语句，以返回一个明确的数值参加表达式的运算。

3. 函数参数。被调用函数作为另一个函数的参数。

(二) 自定义函数的声明

在 C51 中，函数原型一般形式如下：

[extern]函数类型　函数名(形式参数表);

函数的声明是把函数的名字、函数类型以及形参的类型、个数和顺序通知编译系统，以便调用函数时系统进行对照检查。函数的声明后面要加分号。

如果声明的函数在文件内部，则声明时不用 extern，如果声明的函数不在文件内部，而在另一个文件中，声明时须带 extern，指明使用的函数在另一个文件中。

【例 2-23】函数的使用。

```
# include < reg51. h>                    //包含特殊功能寄存器库
# include < stdio. h>                    //包含 I/O 函数库
int max(int x,int y);                    //对 max 函数进行声明
void main(void)                          //主函数
{
int a,b;
SCON= 0x52;                              //串口初始化
TMOD= 0x20;
TH1= 0XF3;
TR1= 1;
scanf("please input a,b:% d,% d",&a,&b);
printf("\n");
printf("max is:% d\n",max(a,b));
while(1);
}
int max(int x,int y)
{  int z;
z= (x> = y? x:y);
return(z);
}
```

【例 2-24】外部函数的使用。

程序 serial _ initial. c

```
# include < reg51. h>                    //包含特殊功能寄存器库
# include < stdio. h>                    //包含 I/O 函数库
void serial_initial(void)                //主函数
{
SCON= 0x52;                              //串口初始化
TMOD= 0x20;
TH1= 0XF3;
TR1= 1;
}
```

程序 y1. c

```
# include < reg51. h>                    //包含特殊功能寄存器库
# include < stdio. h>                    //包含 I/O 函数库
extern serial_initial();
void main(void)
{
int a,b;
```

```
serial_initial();
scanf("please input a,b:% d,% d",&a,&b);
printf("\n");
printf("max is:% d\n",a> = b? a:b);
while(1);
}
```

三、函数的嵌套与递归

（一）函数的嵌套

在一个函数的调用过程中调用另一个函数。C51 编译器通常依靠堆栈来进行参数传递，堆栈设在片内 RAM 中，而片内 RAM 的空间有限，因而嵌套的深度比较有限，一般在几层以内。如果层数过多，就会导致堆栈空间不够而出错。

【例 2-25】函数的嵌套调用

```
# include < reg51. h>                    //包含特殊功能寄存器库
# include < stdio. h>                    //包含 I/O 函数库
extern serial_initial();
int max(int a,int b)
{
int z;
z= a> = b? a:b;
return(z);
}
int add(int c,int d,int e,int f)
{
int result;
result= max(c,d)+ max(e,f);           //调用函数 max
return(result);
}
main()
{
int final;
serial_initial();
final= add(7,5,2,8);
printf("% d",final);
while(1);
}
```

（二）函数的递归

递归调用是嵌套调用的一个特殊情况。如果在调用一个函数过程中又出现了直接或间接调用该函数本身，则称为函数的递归调用。

在函数的递归调用中要避免出现无终止的自身调用，应通过条件控制结束递归调用，使得递归的次数有限。

下面是一个利用递归调用求 n！的例子。

【例 2-26】递归求数的阶乘 n!。

在数学计算中，一个数 n 的阶乘等于该数本身乘以数 n－1 的阶乘，即 n！＝n（n－1)!，用 n－1 的阶乘来表示 n 的阶乘就是一种递归表示方法。在程序设计中通过函数递归调用来实现。

程序如下：

```
# include < reg51. h>                          //包含特殊功能寄存器库
# include < stdio. h>                          //包含 I/O 函数库
extern serial_initial();
int fac(int n) reentrant
{
int result;
if (n= = 0)
result= 1;
else
result= n* fac(n- 1);
return(result);
}
main()
{
int fac_result;
serial_initial();
fac_result= fac(11);
printf("% d\n",fac_result);
}
```

2.11 C51 构造数据类型

一、数组

（一）一维数组

一维数组只有一个下标，定义的形式如下：

数据类型说明符　数组名［常量表达式］［＝｛初值，初值……｝］

各部分说明如下：

1. “数据类型说明符”说明了数组中各个元素存储的数据的类型。

2. “数组名”是整个数组的标识符，它的取名方法与变量的取名方法相同。

3. “常量表达式”，常量表达式要求取值要为整型常量，必须用方括号“[]”括起来。用于说明该数组的长度，即该数组元素的个数。

4. “初值部分”用于给数组元素赋初值，这部分在数组定义时属于可选项。对数组元素赋值，可以在定义时赋值，也可以定义之后赋值。在定义时赋值，后面须带等号，初值须用花括号括起来，括号内的初值两两之间用逗号间隔，可以对数组的全部元素赋值，也可以只对部分元素赋值。初值为 0 的元素可以只用逗号占位而不写初值 0。

例如：下面是定义数组的两个例子。

```
unsigned char x[5];
unsigned int y[3]= {1,2,3};
```

第一句定义了一个无符号字符数组，数组名为 x，数组中的元素个数为 5。

第二句定义了一个无符号整型数组，数组名为 y，数组中元素个数为 3，定义的同时给数组中的三个元素赋初值，赋初值分别为 1、2、3。

需要注意的是，C51 语言中数组的下标是从 0 开始的，因此上面第一句定义的 5 个元素分别是：x [0]、x [1]、x [2]、x [3]、x [4]。第二句定义的 3 个元素分别是：y [0]、y [1]、y [2]。赋值情况为：y [0] =1；y [1] =2；y [2] =3。

C51 规定在引用数组时，只能逐个引用数组中的各个元素，而不能一次引用整个数组。但如果是字符数组则可以一次引用整个数组。

【例 2-27】用数组计算并输出 Fibonacci 数列的前 20 项。

Fibonacci 数列在数学和计算机算法中十分有用。Fibonacci 数列是这样的一组数：第一个数字为 0，第二个数字为 1，之后每一个数字都是前两个数字之和。设计时通过数组存放 Fibonacci 数列，从第三项开始可通过累加的方法计算得到。

程序如下：

```
# include < reg51. h>                    //包含特殊功能寄存器库
# include < stdio. h>                    //包含 I/O 函数库
extern serial_initial();
main()
{
int fib[20],i;
fib[0]= 0;
fib[1]= 1;
serial_initial();
for (i= 2;i< 20;i+ + ) fib[i]= fib[i- 2]+ fib[i- 1];
for (i= 0;i< 20;i+ + )
```

```
{
if (i% 5= = 0) printf("\n");
printf("% 6d",fib[i]);
}
while(1);
}
```

程序执行结果：

```
0      1      1      2      3
5      8      13     21     34
55     89     144    233    377
610    987    1597   2584   4148
```

（二）字符数组

用来存放字符数据的数组称为字符数组，它是 C 语言中常用的一种数组。字符数组中的每一个元素都用来存放一个字符，也可用字符数组来存放字符串。字符数组的定义与下一般数组相同，只是在定义时把数据类型定义为 char 型。

例如：char string1[10];

char string2[20];

上面定义了两个字符数组，分别定义了 10 个元素和 20 个元素。

在 C51 语言中，字符数组用于存放一组字符或字符串，字符串以“\0”作为结束符，只存放一般字符的字符数组的赋值与使用和一般的数组完全相同。对于存放字符串的字符数组。既可以对字符数组的元素逐个进行访问，也可以对整个数组按字符串的方式进行处理。

【例 2-28】 对字符数组进行输入和输出。

```
# include < reg51. h>                        //包含特殊功能寄存器库
# include < stdio. h>                        //包含 I/O 函数库
extern serial_initial();
main()
{
char string[20];
serial_initial();
printf("please type any character:");
scanf("% s",string);
printf("% s\n",string);
while(1);
}
```

二、指针

指针是 C 语言中的一个重要概念。指针类型数据在 C 语言程序中使用十分普遍，正确地使用指针类型数据，可以有效地表示复杂的数据结构；可以动态地分配存储器，直接处理内存地址。

（一）指针的概念

了解指针的基本概念，先要了解数据在内存中的存储和读取方法。

在汇编语言中，对内存单元数据的访问是通过指明内存单元的地址。访问时有两种方式：直接寻址方式和间接寻址方式。直接寻址是通过在指令中直接给出数据所在单元的地址而访问该单元的数据。例如：MOV A，20H。在指令中直接给出所访问的内存单元地址 20H，访问的是地址为 20H 的单元的数据，该指令把地址为 20H 的片内 RAM 单元的内容送累加器 A；间接寻址是指所操作的数据所在的内存单元地址不是通过指令中直接提供，该地址是存放在寄存器中或其他的内存单元中，指令中指明存放地址的寄存器或内存单元来访问相应的数据。

在 C 语言中，可以通过地址方式来访问内存单元的数据，但 C 语言作为一种高级程序设计语言，数据通常是以变量的形式进行存放和访问的。对于变量，在一个程序中定义了一个变量，编译器在编译时就在内存中给这个变量分配一定的字节单元进行存储。如对整型变量（int）分配 2 个字节单元，对于浮点型变量（float）分配 4 个字节单元，对于字符型变量分配 1 个字节单元等。变量在使用时分清两个概念：变量名和变量的值。前一个是数据的标识，后一个是数据的内容。变量名相当于内存单元的地址，变量的值相当于内存单元的内容。对于内存单元的数据访问方式有两种，对于变量也有两种访问方式：直接访问方式和间接访问方式。

直接访问方式。对于变量的访问，我们大多数时候是直接给出变量名。例如：printf（“%d”，a），直接给出变量 a 的变量名来输出变量 a 的内容。在执行时，根据变量名得到内存单元的地址，然后从内存单元中取出数据按指定的格式输出。这就是直接访问方式。

间接访问方式。例如要存取变量 a 中的值时，可以先将变量 a 的地址放在另一个变量 b 中，访问时先找到变量 b，从变量 b 中取出变量 a 的地址，然后根据这个地址从内存单元中取出变量 a 的值。这就是间接访问。在这里，从变量 b 中取出的不是所访问的数据，而是访问的数据（变量 a 的值）的地址，这就是指针，变量 b 称为指针变量。

关于指针，注意两个基本概念：变量的指针和指向变量的指针变量。变量的指针就是变量的地址。对于变量 a，如果它所对应的内存单元地址为 2000H，它的指针就是 2000H。指针变量是指一个专门用来存放另一个变量地址的变量，它的值是指针。上面变量 b 中存放的是变量 a 的地址，变量 b 中的值是变量 a 的指针，变量 b 就是一个指向变量 a 的指针变量。

如上所述，指针实质上就是各种数据在内存单元的地址，在 C51 语言中，不仅有指向一般类型变量的指针，还有指向各种组合类型变量的指针。在本书中我们只讨论指向一般变量的指针的定义与引用。

（二）指针变量的定义

指针变量的定义与一般变量的定义类似，定义的一般形式为：

```
数据类型说明符 [存储器类型] * 指针变量名;
```

其中：

“数据类型说明符”说明了该指针变量所指向的变量的类型。

“存储器类型”是可选项，它是C51编译器的一种扩展，如果带有此选项．指针被定义为基于存储器的指针。无此选项时，被定义为一般指针，这两种指针的区别在于它们占的存储字节不同。

下面是几个指针变量定义的例子：

```
int * p1;                  //定义一个指向整型变量的指针变量p1
char * p2;                 //定义一个指向字符变量的指针变量p2
char data * p3;            //定义一个指向字符变量的指针变量p3,该指针访问的数
                             据在片内数据存储器中,该指针在内存中占一个字节
float xdata * p4;          //定义一个指向字符变量的指针变量p4,该指针访问的数
                             据在片外数据存储器中,该指针在内存中占两个字节
```

（三）指针变量的引用

指针变量是存放另一变量地址的特殊变量，指针变量只能存放地址。指针变量使用时注意两个运算符：& 和 * 。这两个运算符在前面已经介绍，其中：“&”是取地址运算符，“ * ”是指针运算符。通过“&”取地址运算符可以把一个变量的地址送给指针变量，使指针变量指向该变量；通过“ * ”指针运算符可以实现通过指针变量访问它所指向的变量的值。

指针变量经过定义之后可以像其他基本类型变量一样引用。例如：

```
int x,* px,* py;           //变量及指针变量定义
px= &x;                    //将变量x的地址赋给指针变量px,使px指向变量x
* px= 5;                   //等价于x= 5
py= px;                    //将指针变量px中的地址赋给指针变量py,使指针变量
                             py也指向x
```

【例 2-29】输入两个整数 x 与 y，经比较后按大小顺序输出。

程序如下：

```
# include < reg51. h>        //包含特殊功能寄存器库
# include < stdio. h>        //包含I/O函数库
extern serial_initial();
main()
{
int x,y;
```

```
int * p,* p1,* p2;
serial_initial();
printf("input x and y\n");
scanf("% d% d",&x,&y);
p1= &x;p2= &y;
if (x< y) {p= p1;p1= p2;p2= p;}
printf("max= % d,min= % d\n",* p1,* p2);
while(1);
}
```

程序执行结果：

```
input x and y:
4  8
max= 8,min= 4
```

三、结构

结构是一种组合数据类型，它是将若干个不同类型的变量结合在一起而形成的一种数据的集合体。组成该集合体的各个变量称为结构元素或成员。整个集合体使用一个单独的结构变量名。

(一) 结构与结构变量的定义

结构与结构变量是两个不同的概念，结构是一种组合数据类型，结构变量是取值为结构这种组合数据类型的变量，相当于整型数据类型与整型变量的关系。对于结构与结构变量的定义有两种方法。

1. 先定义结构类型再定义结构变量

结构的定义形式如下：

```
struct 结构名
{结构元素表};
```

结构变量的定义如下：

```
struct 结构名  结构变量名 1,结构变量名 2,……;
```

其中，“结构元素表”为结构中的各个成员，它可以由不同的数据类型组成。在定义时须指明各个成员的数据类型。

例如，定义一个日期结构类型 date，它由三个结构元素 year、month、day 组成，定义结构变量 d1 和 d2，定义如下：

```
struct date
{
int year;
char month,day;
```

```
}
struct date d1,d2;
```

2. 定义结构类型的同时定义结构变量名

这种方法是将两个步骤合在一起，格式如下：

struct 结构名

{结构元素表} 结构变量名 1,结构变量名 2,……；

例如对于上面的日期结构变量 d1 和 d2 可以按以下格式定义：

```
struct date
{
int year;
char month,day;
}d1,d2;
```

对于结构的定义说明如下：

(1) 结构中的成员可以是基本数据类型，也可以是指针或数组，还可以是另一结构类型变量，形成结构的结构，即结构的嵌套。结构的嵌套可以是多层次的，但这种嵌套不能包含其自己。

(2) 定义的一个结构是一个相对独立的集合体，结构中的元素只在该结构中起作用，因而一个结构中的结构元素的名字可以与程序中的其他变量的名称相同，它们两者代表不同的对象，在使用时互相不影响。

(3) 结构变量在定义时也可以像其他变量在定义时加各种修饰符对它进行说明。

(4) 在 C51 中允许将具有相同结构类型的一组结构变量定义成结构数组，定义时与一般数组的定义相同，结构数组与一般变量数组的不同就在于结构数组的每一个元素都是具有同一结构的结构变量。

(二) 结构变量的引用

结构元素的引用一般格式如下：

结构变量名．结构元素名

或

结构变量名→结构元素名

其中，“.”是结构的成员运算符，例如：d1. year 表示结构变量 d1 中的元素 year，d2. day 表示结构变量 d2 中的元素 day 等。如果一个结构变量中结构元素又是另一个结构变量，即结构的嵌套，则需要用到若干个成员运算符，一级一级找到最低一级的结构元素，而且只能对这个最低级的结构元素进行引用，形如 d1. time. hour 的形式。

【例 2-30】 输入 3 个学生的语文、数学、英语的成绩，分别统计他们的总成绩并输出。

程序如下：

```
# include < reg51. h>                //包含特殊功能寄存器库
# include < stdio. h>                //包含 I/O 函数库
extern serial_initial();
struct student
{
unsigned char name[10];
unsigned int chinese;
unsigned int math;
unsigned int english;
unsigned int total;
}p1[3];
main()
{
unsigned char i;
serial_initial();
printf("input 3 studend name and result\n");
for (i= 0;i< 3;i+ + )
{
printf("input name\n");
scanf("% s",p1[i]. name);
printf("input result\n");
scanf("% d,% d,% d",&p1[i]. chinese,&p1[i]. math,&p1[i]. english);
}
for (i= 0;i< 3;i+ + )
{
p1[i]. total= p1[i]. chinese+ p1[i]. math+ p1[i]. english;
}
for (i= 0;i< 3;i+ + )
{
printf("% s total is % d",p1[i]. name,p1[i]. total);
printf("\n");
}
while(1);
}
```

程序执行结果：

```
input 3 studend name and result:
input name:
```

```
wang
input result:
76,87,69
input name:
yang
input result:
75,77,89
input name:
zhang
input result:
72,81,79
wang total is 232
yang total is 241
zhang total is 232
```

四、联合

前面介绍的结构能够把不同类型的数据组合在一起使用，另外，在C51语言中，还提供一种组合类型——联合，也能够把不同类型的数据组合在一起使用，但它与结构又不一样，结构中定义的各个变量在内存中占用不同的内存单元，在位置上是分开的，而联合中定义的各个变量在内存中都是从同一个地址开始存放，即采用了所谓的“覆盖技术”。这种技术可使不同的变量分时使用同一内存空间，提高内存的利用效率。

(一) 联合的定义

1. 先定义联合类型再定义联合变量

定义联合类型格式如下：

```
union 联合类型名
{成员列表};
```

定义联合变量，格式如下：

```
union 联合类型名  变量列表;
```

例如：

```
union data
{
float i;
int j;
char k;
}
```

```
union data a,b,c;
```

2. 定义联合类型的同时定义联合变量

格式如下：

```
union 联合类型名
{成员列表}变量列表;
```

例如：

```
union data
{
float i;
int j;
char k;
}data a,b,c;
```

可以看出，定义时，结构与联合的区别只是将关键字由 struct 换成 union，但在内存的分配上两者完全不同。结构变量占用的内存长度是其中各个元素所占用的内存长度的总和；而联合变量所占用的内存长度是其中各元素的长度的最大值。结构变量中的各个元素可以同时进行访问，联合变量中的各个元素在一个时刻只能对一个进行访问。

（二）联合变量的引用

联合变量中元素的引用与结构变量中元素的引用格式相同，形式如下：

```
联合变量名.联合元素
```

或

```
联合变量名->联合元素
```

例如：对于前面定义的联合变量 a、b、c 中的元素可以通过下面形式引用。

```
a.i;
b.j;
c.k;
```

分别引用联合变量 a 中的 float 型元素 i，联合变量 b 中的 int 型元素 j，联合变量 c 中的 char 型元素 k。

五、枚举

枚举数据类型是一个有名字的某些整型常量的集合。这些整型常量是该类型变量可取的所有的合法值。枚举定义时应当列出该类型变量的所有可取值。

枚举定义的格式与结构和联合基本相同，也有两种方法。

先定义枚举类型，再定义枚举变量，格式如下：

```
enum 枚举名  {枚举值列表};
```

```
enum 枚举名  枚举变量列表;
```

或在定义枚举类型的同时定义枚举变量，格式如下：

```
enum 枚举名  {枚举值列表}枚举变量列表;
```

例如：定义一个取值为星期几的枚举变量 d1。

```
enum week {Sun,Mon,Tue,Wed,Thu,Fri,Sat};
enum week d1;
```

或

```
enum week {Sun,Mon,Tue,Wed,Thu,Fri,Sat} d1;
```

以后就可以把枚举值列表中各个值赋值给枚举变量 d1 进行使用了。

第二部分　实战基础篇

第 1 章　软件控制 LED 亮灭

实例引入

在日常生活中随处可见 LED 广告灯箱、LED 发光字，LED 广告灯箱具备霓虹灯的所有优点，白天和晚上可以不停的闪动，动静结合引起人们的注意；各种文字、图案有序跳跃、交替辉映，强烈的视觉冲击力；满足观者视觉感受，推动广告者获取最大经济效益；LED 灯箱广泛适用于商场、理发、美容连锁店面、火车站、高速公路收费站、停车场、宾馆、娱乐场所、银行及影楼等地方。本章要呈现的效果是从最基本的一个 LED 控制开始。仿真机效果呈现如图 1-1 所示。

图 1-1　一个 LED 灯控制仿真效果图

实验任务 1：

练习在 P 口接发光二极管，自由控制发光二级管的亮灭。

C 语言源程序 1：

```
# include< reg51. h>                    //包含 51 单片机寄存器定义的头文件
void main(void)
  {
    P1= 0xfe;                           //P1= 1111 1110B,即 P1. 0 输出低电平
  }
```

实验任务 2：

利用各个 I/O 口的赋值实现自由控制发光二级管的亮灭。

C 语言源程序 2：

```
# include< reg51. h>                   //包含单片机寄存器的头文件
void main(void)
{
    while(1)                          //无限循环
      {
        P1= 0xff;                     //P1= 1111 1111B,熄灭 LED
        P0= P1;                       //将 P1 口状态送入 P0 口
        P2= P1;                       //将 P1 口状态送入 P2 口
        P3= P1;                       //将 P1 口状态送入 P3 口
      }
}
```

实验任务 3：

用 P0 口、P1 口分别显示加法、减法和乘除法运算结果。

C 语言源程序 3：

```
# include< reg51. h>
void main(void)
{
  unsigned char m,n;
  m= 43;                              //即十进制数 43
  n= 60;                              //即十进制数 60
  P1= m+ n;                           //P1= 103= 0110 0111B,结果 P1. 3、P1. 4、P1. 7 口的灯被
                                        点亮
  P0= n- m;                           //P0= 17= 0001 0001B,结果 P0. 0、P0. 4 的灯被熄灭
  }
```

C 语言源程序 4：

```
# include< reg51. h>
void main(void)
{
  unsigned char m,n;
  unsigned int s;
  m= 64;
  n= 71;
  s= m* n;
  P1= s/256;
```

```
  P0= s% 256;
}
```

说明：

```
//s= 64* 71= 4544,需要 16 位二进制数表示,高 8 位送 P1 口,低 8 位送 P0 口
//由于 4544= 17* 256+ 192= H3* 16* 16* 16+ H2* 16* 16+ H1* 16+ H0
//两边同除以 256,可得 17+ 192/256= H3* 16+ H2+ (H1* 16+ H0)/256
//因此,高 8 位 16 进制数 H3* 16+ H2 必然等于 17,即 4544 除以 256 的商
//低 8 位 16 进制数 H1* 16+ H0 必然等于 192,即 4544 除以 256 的余数
//高 8 位送 P1 口,P1= 17= 11H= 0001 0001B,P1.0 和 P1.4 口灭,其余亮
//低 8 位送 P0 口,P3= 192= c0H= 1100 0000B,P3.1,P3.6,P3.7 口灭,其余亮
```

C 语言源程序 5：

```
# include< reg51.h>
void main(void)
{
  P1= 36/5;                        //求整数
  P0= ((36% 5)* 10)/5;             //求小数
  while(1)
    ;                              //无限循环防止程序"跑飞"
  }
```

实验任务 4：

用 if 语句控制 P0 口 8 位 LED 的流水方向。

C 语言源程序 6：

```
# include< reg51.h>
sbit S1= P1^4;                     //将 S1 位定义为 P1.4
sbit S2= P1^5;                     //将 S2 位定义为 P1.5
void main(void)
{
    while(1)
    {
      if(S1= = 0)                  //如果按键 S1 按下
        P0= 0x0f;                  //P0 口高四位 LED 点亮
      if(S2= = 0)                  //如果按键 S2 按下
        P0= 0xf0;                  //P0 口低四位 LED 点亮
    }
}
```

实验任务 5：

用 P0 口显示指针运算结果。

C 语言源程序 7：

```
# include< reg51.h>
void main(void)
{
  unsigned char * p1,* p2;          //定义无符号字符型指针变量 p1,p2
  unsigned char i,j;                //定义无符号字符型数据
  i= 25;                            //给 i 赋初值 25
  j= 15;
  p1= &i;                           //使指针变量指向 i  ,对指针初始化
  p2= &j;                           //使指针变量指向 j  ,对指针初始化
  P0= * p1+ * p2;                   //* p1+ * p2 相当于 i+ j,所以 P0= 25+ 15= 40= 0x28
                                    //则 P0= 0010 1000B,结果 P0.3、P0.5 引脚 LED 熄灭,其
                                      余点亮
  while(1)
    ;                               //无限循环,防止程序“跑飞”
}
```

实验任务 6：

用 P0、P1 口显示整型函数返回值。

C 语言源程序 8：

```
# include< reg51.h>
unsigned int sum(int a,int b)       //函数功能:计算两个无符号整数的和

{
  unsigned int s;
  s= a+ b;
  return (s);
}
void main(void)
{
  unsigned z;
    z= sum(2008,2009);
  P1= z/256;                        //取得 z 的高 8 位
  P0= z% 256;                       //取得 z 的低 8 位
  while(1)
    ;
}
```

知识点

（一）C51 中的头文件

我们在用 C 语言编程时往往第一行就是头文件，51 单片机为 reg51.h 或 reg52.h，51 单片机相对来说比较简单，头文件里面内容不多，尽管如此，对一些初次接触单片机的朋友来说，51 的头文件还是搞不太清楚，具体来说明一下。

1. “文件包含”处理概念

所谓“文件包含”是指在一个文件内将另外一个文件的内容全部包含进来。因为被包含的文件中的一些定义和命令使用的频率很高，几乎每个程序中都可能要用到，为了提高编程效率，减少编程人员的重得劳动，将这些定义和命令单独组成一个文件，如 reg51.h，然后用＃include＜reg51.h＞包含进来就可以了，这个就相当于工业上的标准零件，拿来直接用就可以了。

2. 寄存器地址及位地址声明的原因

reg51.h 里面主要是一些特殊功能寄存器的地址声明，对可以位寻址的，还包括一些位地址的声明，如

```
sfr P1= 0x80;
sfr IE= 0xA8;
sbit EA= 0xAF 等。
```

sfr P1＝0x90 这句话表示：P1 口所对应的特殊功能寄存器 P1 在内存中的地址为 0x80，sbit EA＝0xAF 这句话表示 EA 这一位的地址为 0xAF。

注意这里出现了一个使用很频繁的 sfr 和 sbit。

sfr 表示特殊功能寄存器的意思，它并非标准 C 语言的关键字，而是 Keil 为能直接访问 80C51 中的 SFR 而提供了一个新的关键词，其用法是：sfr 特殊功能寄存器名＝地址值（注意对于头文件里“特殊功能寄存器名”，用户实际上也可以修改的，如 P1＝0x80，也可改为 A1＝0x80，但 sfr 和地址值则不能更改，否者会编译出错。）

sbit 表示位的意思，它也是非标准 C 语言的关键字，编写程序时如需操作寄存器的某一位（可位寻址的寄存器才能用）时，需定义一个位变量，此时就要到 sbit，如

```
sbit deng= P1^0;
sbit EA= 0xAF;
```

需要注意的是，位定义时有些特殊用法有三种：

第一种方法：sbit 位变量名＝寄存器位地址值

第二种方法：sbit 位变量名＝SFR　名称^寄存器位值（0－7）

第三种方法：sbit 位变量名＝SFR　地址值^寄存器位值

如：

```
sbit IT0= 0x88            (1)说明:0x88是IT0的位地址值
sbit deng= P1^2           (2)说明:其中P1必须先用sfr定义好
sbit EA= 0xA8^7           (3)说明:0xA8就是IE寄存器的地址值
```

以上三种定义方法需注意的是IT0 deng EA可由用户随便定义，但必须满足C语言对变量名的定义规则。除些外其他的则必须按照上面的格式写，如“名称^变量位地址值”中“^”，它是由keil软件的规定的，不能写成其他的，只能这样能才编译通过。

以上是对寄存器地址和位地址的定义和声明作了解释，大家需要牢牢记住：只有对寄存器及相关位进行声明地址后，我们才能对其进行赋相关的值，keil软件才能编译通过。

（二）发光二极管

发光二极管简称为LED。由含镓（Ga）、砷（As）、磷（P）、氮（N）等的化合物制成。如图1-2所示。

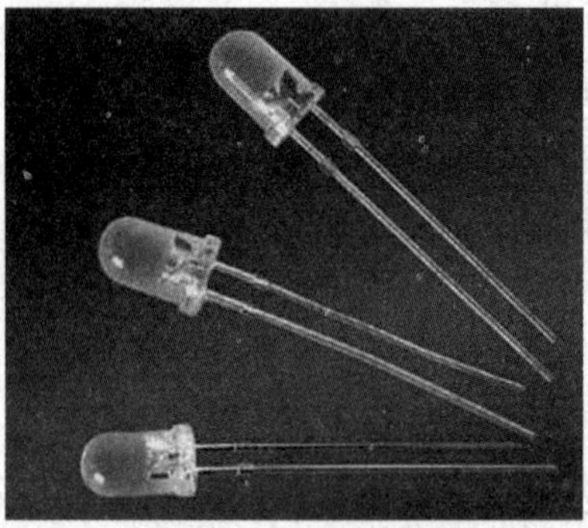

图1-2　发光二极管

当电子与空穴复合时能辐射出可见光，因而可以用来制成发光二极管。在电路及仪器中作为指示灯，或者组成文字或数字显示。砷化镓二极管发红光，磷化镓二极管发绿光，碳化硅二极管发黄光，氮化镓二极管发蓝光。因化学性质又分有机发光二极管OLED和无机发光二极管LED。

发光二极管它具有单向导电性，通过5mA左右电流即可发光，电流越大，其亮度越强，但若电流过大，会烧毁二极管，一般我们控制在3mA－20mA之间。在这里，给发光二极管串联一个电阻的目的就是为了限制通过发光二极管的电流不要太大，因此这个电阻又称为“限流电阻”。当发光二极管发光时，测量它两端电压约为1.7V，这个电压又叫做发光二极管的“导通压降”。发光二极管正极又称阳极，负极又称阴极，电流只能从阳极流向阴极。直插式发光二极管长脚为阳极，短脚为阴极。仔细观察贴片式发光二极管正面的一端有彩色标记，通常有标记的一端为阴极。

关于排阻大小的选择：欧姆定律想必大家都清楚，U＝IR，当发光二极管正常导通时，其两端电压约为1.7V，发光管的阴极为低电平，即0V，阳极串接一电阻，电阻的另一端为 Vcc，为 5V，因此加在电阻两端的电压为 5V－1.7V＝3.3V，计算穿过电阻的电流，3.3V/1000Ω＝3.3mA 即穿过发光管的电流也为 3.3mA，若想让发光管再亮一些，我们可以适当减小该电阻。

LED 被称为第四代光源，具有节能、环保、安全、寿命长、低功耗、低热、高亮度、防水、微型、防震、易调光、光束集中、维护简便等特点，可以广泛应用于各种指示、显示、装饰、背光源、普通照明等领域。

LED 优点：电光转化效率高（接近 60％，绿色环保、寿命长（可达 10 万小时）、工作电压低（3V 左右）、反复开关无损寿命、体积小、发热少、亮度高、坚固耐用、易于调光、色彩多样、光束集中稳定、启动无延时；

LED 缺点：起始成本高、显色性差、大功率 LED 效率低、恒流驱动（需专用驱动电路）。相比之下，各种传统照明存在一定的缺陷。

（三）main（）主函数的写法

main（）函数

格式：void main（）　注意：后面没有分号。

特点：无返回值，无参数。

无返回值表示该函数执行完后不返回任何值，上面 main 前面的 void 表示“空”，即不返回值的意思。

无参数表示该函数不带任何参数，即 main 后面的括号中没有任何参数，我们只写“()”就可以了，也可以在括号里写上 void，表示“空”的意思，如 void main（void）。

任何一个单片机 C 程序有且仅有一个 main 函数，它是整个程序开始执行的入口。程序以“{”开始，以“}”结束。

（四）While（）语句

格式：while（表达式）

{　内部语句（内部可以为空）}

特点：先判断表达式，后执行内部语句。

原则：若表达式不是 0，即为真，那么执行语句，否则跳出 while 语句，执行后面的语句。

需要注意的三点：

（1）在 C 语言中我们一般把“0”认为是“假”，把“非 0”认为是“真”，也就是说，只要不是 0 就是真，所以 1，2，3 等都是真。

（2）内部语句可以为空，就是 while 后面的大括号里什么都不写也是可以的。

如 `While(1)  {  }`

或 `while(1);`

（3）表达式可以是一个常数，一个运算或一个带返回值的函数。

注意：单片机是不能停止工作的，只要它有电，有晶振在起振，它就不会停止工作，每过一个机器周期，它内部的程序指针就是加 1，程序指针就指向下一条要执行的指令。

1. 参考以上程序，用其中一种你最熟悉的方式，编写控制一个 LED 灯的程序。
2. 编写程序，实现隔一个灯亮隔一个灯灭的程序。
3. 自行创意，实现灯的创意编写。

第 2 章　软件控制闪烁灯

实例引入

现实生活中，闪烁灯随处可见。比如交通灯在公路上随处可见，尤其是在十字路口，更需要用交通灯来管理巨大的车流。在不同的十字路口，红绿灯变换的时间也是不一样的，我们不仅要学习如何控制某一个灯亮，还要能有效地控制灯与灯的切换，以达到闪烁的效果。仿真机效果呈现如图 2-1 所示。

图 2-1　闪烁灯仿真效果图

实验任务 1：

了解单片机的工作频率、软件延时的方法，实现软件控制闪烁灯。

C 语言源程序 1：

```
# include< reg51. h>
void delay(void)                  //两个 void 意思分别为无须返回值,没有参数传递
{
  unsigned int i;                 //定义无符号整数,最大取值范围 65535
  for(i= 0;i< 20000;i+ + )         //做 20000 次空循环
        ;                         //什么也不做,等待一个机器周期
}
```

```
void main(void)
{
  while(1)                              //无限循环
    {
      P1= 0xfe;                         //P1= 1111 1110B,P1.0 输出低电平
      delay();                          //延时一段时间
      P1= 0xff;                         //P1= 1111 1111B,P1.0 输出高电平
      delay();                          //延时一段时间
    }
}
```

实验任务 2：

使用 P3 口流水点亮 8 位 LED。

C 语言源程序 2：

```
# include< reg51.h>                     //包含单片机寄存器的头文件
void delay(void)
    {
      unsigned char i,j;
        for(i= 0;i< 250;i+ + )
          for(j= 0;j< 250;j+ + )
              ;
    }
void main(void)
{
    while(1)
      {
        P3= 0xfe;                       //第一个灯亮
        delay();                        //调用延时函数
        P3= 0xfd;                       //第二个灯亮
        delay();                        //调用延时函数
        P3= 0xfb;                       //第三个灯亮
        delay();                        //调用延时函数
        P3= 0xf7;                       //第四个灯亮
        delay();                        //调用延时函数
        P3= 0xef;                       //第五个灯亮
        delay();                        //调用延时函数
        P3= 0xdf;                       //第六个灯亮
        delay();                        //调用延时函数
        P3= 0xbf;                       //第七个灯亮
```

```
        delay();                    //调用延时函数
        P3= 0x7f;                   //第八个灯亮
        delay();                    //调用延时函数
      }
}
```

实验任务 3：

通过对 P3 口地址的操作流水点亮 8 位 LED。

C 语言源程序 3：

```
# include< reg51. h>             //包含单片机寄存器的头文件
sfr x= 0xb0;                    //P3 口在存储器中的地址是 b0H，通过 sfr 可定义 8051
                                  内核单片机的所有内部 8 位特殊功能寄存器，对地址 x
                                  的操作也就是对 P1 口的操作

void delay(void)
    {
      unsigned char i,j;
        for(i= 0;i< 250;i+ + )
          for(j= 0;j< 250;j+ + )
            ;                      //利用循环等待若干机器周期，从而延时一段时间
    }
void main(void)
{
    while(1)
    {
        x= 0xfe;                   //第一个灯亮
        delay();                   //调用延时函数
        x= 0xfd;                   //第二个灯亮
        delay();                   //调用延时函数
        x= 0xfb;                   //第三个灯亮
        delay();                   //调用延时函数
        x= 0xf7;                   //第四个灯亮
        delay();                   //调用延时函数
        x= 0xef;                   //第五个灯亮
        delay();                   //调用延时函数
        x= 0xdf;                   //第六个灯亮
        delay();                   //调用延时函数
        x= 0xbf;                   //第七个灯亮
        delay();                   //调用延时函数
        x= 0x7f;                   //第八个灯亮
```

```
        delay();                        //调用延时函数
    }
}
```

实验任务 4:

用不同数据类型控制灯闪烁时间。

C 语言源程序 4:

```
# include< reg51. h>                 //包含单片机寄存器的头文件
void int_delay(void)                 //延时一段较长的时间
{
    unsigned int m;                  //定义无符号整形变量,双字节数据,值域为 0~ 65535
    for(m= 0;m< 36000;m+ + )
    ;                                //空操作
}
void char_delay(void)                //延时一段较短的时间
{
    unsigned char i,j;               //定义无符号字符型变量,单字节数据,值域 0~ 255
    for(i= 0;i< 200;i+ + )
      for(j= 0;j< 180;j+ + )
      ;                              //空操作
}
void main(void)
{
  unsigned char i;
  while(1)
  {
    for(i= 0;i< 3;i+ + )
      {
      P1= 0xfe;                      //P1. 0 口的灯点亮
      int_delay();                   //延时一段较长的时间
      P1= 0xff;                      //熄灭
      int_delay();                   //延时一段较长的时间
      }
    for(i= 0;i< 3;i+ + )
      {
      P1= 0xef;                      //P1. 4 口的灯点亮
      char_delay();                  //延时一段较长的时间
      P1= 0xff;                      //熄灭
      char_delay();                  //延时一段较长的时间
```

```
      }
    }
  }
```

实验任务 5：

用自增运算控制 P0 口 8 位 LED 流水花样。

C 语言源程序 5：

```
# include< reg51. h>                //包含单片机寄存器的头文件
void delay(void)
{
    unsigned int i;
    for(i= 0;i< 20000;i+ + )
    ;
}
void main(void)
{
    unsigned char i;
    for(i= 0;i< 255;i+ + )          //注意 i 的值不能超过 255
    {
      P0= i;                         //将 i 的值送 P0 口
      delay();                       //调用延时函数
    }
}
```

实验任务 6：

用右移运算流水点亮 P1 口 8 位 LED。

C 语言源程序 6：

```
# include< reg51. h>                //包含单片机寄存器的头文件
void delay(void)
{
    unsigned int n;
    for(n= 0;n< 30000;n+ + )
        ;
}
void main(void)
{
    unsigned char i;
    while(1)
      {
```

```
    P1= 0xff;
      delay();
      for(i= 0;i< 8;i+ + )          //设置循环次数为 8
        {
          P1= P1> > 1;             //每次循环 P1 的各二进位右移 1 位,高位补 0
            delay();               //调用延时函数
        }
    }
}
```

实验任务 7:

用 swtich 语句的控制 P0 口 8 位 LED 的点亮状态。

C 语言源程序 7:

```
# include< reg51.h>                //包含单片机寄存器的头文件
sbit S1= P1^4;                     //将 S1 位定义为 P1.4
void delay(void)
{
    unsigned int n;
    for(n= 0;n< 10000;n+ + )
        ;
}
void main(void)
{
    unsigned char i;
    i= 0;                          //将 i 初始化为 0
    while(1)
      {
        if(S1= = 0)                //如果 S1 键按下
          {
            delay();               //延时一段时间
            if(S1= = 0)            //如果再次检测到 S1 键按下
              i+ + ;               //i 自增 1
            if(i= = 9)             //如果 i= 9,重新将其置为 1
              i= 1;

          }
        switch(i)                  //使用多分支选择语句
          {
            case 1:P0= 0xfe;       //第一个 LED 亮
```

```
                break;
            case 2:P0= 0xfd;        //第二个 LED 亮
                break;
            case 3:P0= 0xfb;        //第三个 LED 亮
                break;
            case 4:P0= 0xf7;        //第四个 LED 亮
                break;
            case 5:P0= 0xef;        //第五个 LED 亮
                break;
            case 6:P0= 0xdf;        //第六个 LED 亮
                break;
            case 7:P0= 0xbf;        //第七个 LED 亮
                break;
            case 8:P0= 0x7f;        //第八个 LED 亮
                break;
            default:                //缺省值,关闭所有 LED
                P0= 0xff;
            }
    }
}
```

实验任务 8:

用 while 语句控制 LED。

C 语言源程序 8:

```
# include< reg51. h>                //包含单片机寄存器的头文件
void delay60ms (void)               //延时约 60ms (3* 100* 200= 60000μs)
{
  unsigned char m,n;
  for(m= 0;m< 100;m+ + )
    for(n= 0;n< 200;n+ + )
        ;
}
void main(void)
{
  unsigned char i;
  while(1)                          //无限循环
    {
        i= 0;                       //将 i 初始化为 0
        while(i< 0xff)              //当 i 小于 0xff(255)时执行循环体
```

```
        {
          P0= i;                        //将 i 送 P0 口显示
          delay60ms();                  //延时
          i+ + ;                        //i 自增 1
        }
    }
}
```

实验任务 9:

用 do-while 语句控制 P0 口 8 位 LED 流水点亮。

C 语言源程序 9:

```
# include< reg51.h>                   //包含单片机寄存器的头文件
void delay60ms(void)                  //延时约 60ms (3* 100* 200= 60000μs)
{
  unsigned char m,n;
  for(m= 0;m< 100;m+ + )
    for(n= 0;n< 200;n+ + )
        ;
}
void main(void)
{
  do
    {
      P0= 0xfe;                       //第一个 LED 亮
        delay60ms();
      P0= 0xfd;                       //第二个 LED 亮
        delay60ms();
        P0= 0xfb;                     //第三个 LED 亮
        delay60ms();
        P0= 0xf7;                     //第四个 LED 亮
        delay60ms();
        P0= 0xef;                     //第五个 LED 亮
        delay60ms();
        P0= 0xdf;                     //第六个 LED 亮
        delay60ms();
        delay60ms();
        P0= 0xbf;                     //第七个 LED 亮
        delay60ms();
        P0= 0x7f;                     //第八个 LED 亮
```

```
        delay60ms();
    }while(1);                        //无限循环,使8位LED循环流水点亮
}
```

实验任务 10:

用字符型数组控制 P0 口 8 位 LED 流水点亮。

C 语言源程序 10:

```
# include< reg51. h>                //包含单片机寄存器的头文件
void delay60ms(void)                 //延时约 60ms (3* 100* 200= 60000μs)
{
  unsigned char m,n;
  for(m= 0;m< 100;m+ + )
    for(n= 0;n< 200;n+ + )
        ;
}
void main(void)
{
  unsigned char i;
  unsigned char code Tab[ ]= {0xfe,0xfd,0xfb,0xf7,0xef,0xdf,0xbf,0x7f};
                                     //定义无符号字符型数组
  while(1)
  {
    for(i= 0;i< 8;i+ + )
      {
        P0= Tab[i];                  //依次引用数组元素,并将其送P0口显示
        delay60ms();                 //调用延时函数
      }
  }
}
```

实验任务 11:

用指针数组控制 P0 口 8 位 LED 流水点亮。

C 语言源程序 11:

```
# include< reg51. h>
void delay150ms(void)                //延时约 150ms (3* 200* 250= 150 000μs= 150ms
{
  unsigned char m,n;
  for(m= 0;m< 200;m+ + )
    for(n= 0;n< 250;n+ + )
```

```
        ;
}
void main(void)
{
  unsigned char code Tab[]= {0xfe,0xfd,0xfb,0xf7,0xef,0xdf,0xbf,0x7f};
  unsigned char * p[]= {&Tab[0],&Tab[1],&Tab[2],&Tab[3],&Tab[4],&Tab[5],
                    &Tab[6],&Tab[7]};
  unsigned char i;                    //定义无符号字符型数据
  while(1)
    {
      for(i= 0;i< 8;i+ + )
        {
          P0= * p[i];
            delay150ms();
        }
    }
}
```

实验任务 12：

用数组的指针控制 P0 口 8 位 LED 流水点亮。

C 语言源程序 12：

```
# include< reg51. h>
void delay150ms(void)                //延时约 150ms (3* 200* 250= 150 000μs= 150ms)
{
  unsigned char m,n;
  for(m= 0;m< 200;m+ + )
    for(n= 0;n< 250;n+ + )
        ;
}
void main(void)
{
  unsigned char i;
  unsigned char Tab[]= {0xFF,0xFE,0xFD,0xFB,0xF7,0xEF,0xDF,0xBF,
                      0x7F,0xBF,0xDF,0xEF,0xF7,0xFB,0xFD,0xFE,
                      0xFE,0xFC,0xFB,0xF0,0xE0,0xC0,0x80,0x00,
                      0xE7,0xDB,0xBD,0x7E,0x3C,0x18,0x00,0x81,
                      0xC3,0xE7,0x7E,0xBD,0xDB,0xE7,0xBD,0xDB};
                                    //流水灯控制码
  unsigned char * p;                //定义无符号字符型指针
```

```
  p= Tab;                            //将数组首地址存入指针 p
  while(1)
    {
      for(i= 0;i< 32;i+ + )          //共 32 个流水灯控制码
        {
          P0= * (p+ i);              //* (p+ i)的值等于 a[i]
          delay150ms();              //调用 150ms 延时函数
        }
    }
}
```

实验任务 13:

用有参函数控制 P0 口 8 位 LED 流水速度。

C 语言源程序 13:

```
# include< reg51. h>
void delay(unsigned char x)
{
  unsigned char m,n;
  for(m= 0;m< x;m+ + )
    for(n= 0;n< 200;n+ + )
        ;
}
void main(void)
{
  unsigned char i;
  unsigned char code Tab[]= {0xFE,0xFD,0xFB,0xF7,0xEF,0xDF,0xBF,0x7F};
                                     //流水灯控制码
  while(1)
    {
                                     //快速流水点亮 LED
      for(i= 0;i< 8;i+ + )           //共 8 个流水灯控制码
        {
          P0= Tab[i];
          delay(100);                //延时约 60ms,(3* 100* 200= 60000μs)
      }
                                     //慢速流水点亮 LED
      for(i= 0;i< 8;i+ + )           //共 8 个流水灯控制码
      {
        P0= Tab[i];
```

```
            delay(250);                 //延时约 150ms,(3* 250* 200= 150 000μs)
        }
    }
}
```

实验任务 14:

用数组作函数参数控制流水花样。

C 语言源程序 14:

```
# include< reg51. h>
void delay(void)                        //延时约 150ms
{
  unsigned char m,n;
  for(m= 0;m< 200;m+ + )
    for(n= 0;n< 250;n+ + )
        ;
}
void led_flow(unsigned char a[8])
{
  unsigned char i;
    for(i= 0;i< 8;i+ + )
      {
        P0= a[i];
        delay();
      }
}
void main(void)
{
  unsigned char code Tab[]= {0xFE,0xFD,0xFB,0xF7,0xEF,0xDF,0xBF,0x7F};
                                        //流水灯控制码
  led_flow(Tab);
}
```

实验任务 15:

用指针作函数参数控制 P0 口 8 位 LED 流水点亮。

C 语言源程序 15:

```
# include< reg51. h>
void delay(void)                        //延时约 150ms
{
```

```
  unsigned char m,n;
  for(m=0;m<200;m++)
    for(n=0;n<250;n++)
        ;
}
void led_flow(unsigned char * p)   //形参为无符号字符型指针
{
  unsigned char i;
  while(1)
    {
      i=0;                          //将 i 置为 0,指向数组第一个元素
      while(*(p+i)!='\0')           //只要没有指向数组的结束标志
      {
        P0=*(p+i);                  //取的指针所指变量(数组元素)的值,送 P0 口
        delay();                    //调用延时函数
        i++;                        //指向下一个数组元素
      }
    }
}
void main(void)
{
  unsigned char code Tab[]={0xFE,0xFD,0xFB,0xF7,0xEF,0xDF,0xBF,0x7F,
                            0x7F,0xBF,0xDF,0xEF,0xF7,0xFB,0xFD,0xFE,
                            0xFF,0xFE,0xFC,0xFB,0xF0,0xE0,0xC0,0x80,
                            0x00,0xE7,0xDB,0xBD,0x7E,0xFF,0xFF,0x3C,
                            0x18,0x0,0x81,0xC3,0xE7,0xFF,0xFF,0x7E};
                                    //流水灯控制码
  unsigned char * pointer;
  pointer=Tab;
  led_flow(pointer);
}
```

实验任务 16：

用函数型指针控制 P1 口灯花样。

C 语言源程序 16：

```
#include<reg51.h>                   //包含 51 单片机寄存器定义的头文件
unsigned char code Tab[]={0xFE,0xFD,0xFB,0xF7,0xEF,0xDF,0xBF,0x7F};
                                    //流水灯控制码,该数组被定义为全局变量
```

```
void delay(void)                        //延时约 150ms
{
  unsigned char m,n;
    for(m= 0;m< 200;m+ + )
      for(n= 0;n< 250;n+ + )
        ;
}
void led_flow(void)
{
  unsigned char i;
  for(i= 0;i< 8;i+ + )                  //8 位控制码
    {
      P0= Tab[i];
        delay();
      }
}
void main(void)
  {
    void (* p)(void);                   //定义函数型指针,所指函数无参数,无返回值
    p= led_flow;                        //将函数的入口地址赋给函数型指针 p
    while(1)
      (* p)();                          //通过函数的指针 p 调用函数 led_flow()
}
```

知识点

（一）软件延时

人的肉眼对闪烁的光线有一个最低分辨能力，通常情况下当闪烁的频率高于 50Hz 时，我们看到的信号就是常亮的。即，延时的时间低于 20ms 的时候，我们的肉眼是分辨不出来小灯是在闪烁的，可能最多看到的是小灯亮暗稍微变化了一下。

C 语言编程常用的四种延时方法，其中两种非精确延时，两种精确一些的延时。for 语句和 while 语句都可以通过改变 i 的范围值来改变延时时间，但是 C 语言循环的执行时间都是不能通过程序看出来的。精确延时有两个方法，一个方法是用定时器来延时，另外一个方法就是用库函数 _ nop _ ()；，一个 NOP 的时间是一个机器周期的时间。非精确延时，只是在我们做一些比如小灯闪烁，流水灯等简单演示实验中使用，而实际项目开发过程中其实这种非精确延时用的很少。

（二）for（）语句

for（）语句

格式：for（表达式 1；表达式 2；表达式 3）

{语句（内部可以为空）}

执行过程：

第 1 步：求解表达式 1。

第 2 步：求解表达式 2，若其值为真（非 0 即为真），则执行 for 中语句，然后执行第 3 步；否则结束 for 语句，直接跳出，不再执行第 3 步。

第 3 步：求解表达式 3。

第 4 步：跳到第 2 步重复执行。

需要注意的是，三个表达式之间必须用分号隔开。

（三）for（）语句实现软件延时

利用 for 语句和 While 语句可以写出简单的延时程序，单片机利用循环语句需要运行时间，以达到延时的目的。

例如：
```
unsigned char i;
    for(i= 2;i>0;i- - );
```

这两句可以实现延时，首先定义一个无符号字符型变量 i，然后执行 for 语句，表达式 1 式给 i 赋一个初值 2，表达式 2 是判断 i 大于 0 是真是假，表达式 3 是 i 自减 1，通过分析这个循环语句执行过程：

第 1 步：给 i 赋初值 2，此时 i=2。

第 2 步：因为 2>0 条件成立，所以其值为真，那么执行一次 for 中的语句，因为 for 内部语句为空，即什么也不执行。

第 3 步：i 自减 1，即 i=2−1=1。

第 4 步：跳到第 2 步，因为 1>0 条件成立，所以其值为真，那么执行一次 for 中的语句，因为 for 内部语句为空，即什么也不执行。

第 5 步：i 自减 1，即 i=1−1=0。

第 6 步：跳到第 2 步，因为 0>0 条件不成立，所以其值为假，那么结束 for 语句。

通过上述分析 i 的初值较小，所以执行的步数就少，执行时间就短，因此为了达到更长时间的延时，我们可以通过循环嵌套来实现。

例如：
```
unsigned char i,j;
    for(i= 100;i>0;i- - )
    for(j= 200;j>0;j- - );
```

上面这个例子是 for 语句的两层嵌套，第一个 for 语句后面没有分号，那么编译器默认第二个 for 语句是第一个 for 语句的内部语句，而第二个 for 语句内部语句为空，程序在执行时，第一个 for 语句中的 i 每减一次，第二个 for 语句便执行 200 次，因此上面这个例子共执行 100×200 次 for 语句。通过这种嵌套实现更长时间的延时。

(四) 延时时间的计算

以实例任务 1 为例，单片机在执行指令时是按代码从上到下顺序执行的，我们分析上面主程序中的 while 大括号中的语句含义是“点亮灯—延时一会—关闭灯—延时一会—点亮灯—延时一会—关闭灯”如此循环下去，其实用 while 或 for 语句这种软件的方式实现的延时，时间是不精确的。

我们可以利用 Keil 软件来模拟延时语句是延时多少时间。

在 keil 编辑界面，打开工程设置对话框，在【Target】标签下的【Xtal (MHZ)】后面的值改成 11.0592MHz，也即是我们在课本中经常讲的晶振 12MHz，keil 编译器在编译程序时，计算代码执行时间与该数值有关，如图 2-2 所示。

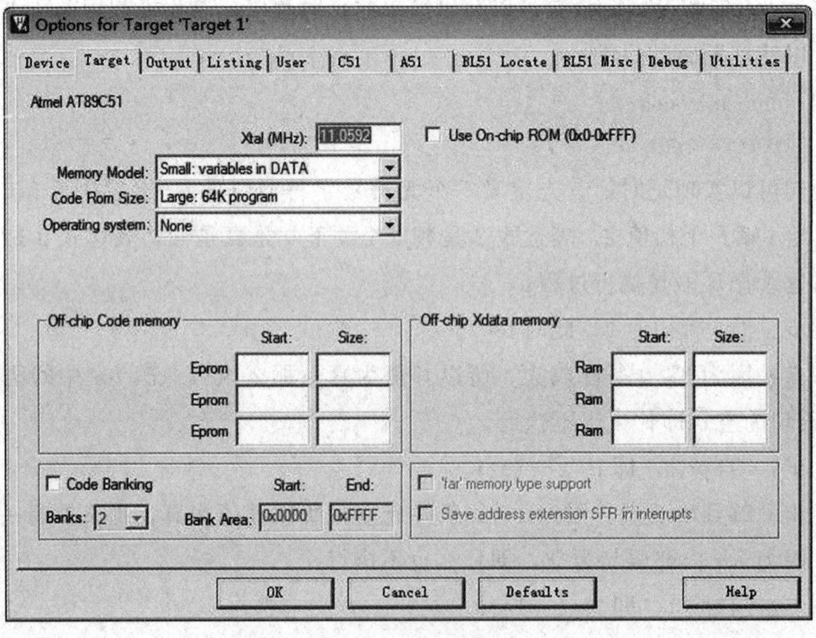

图 2-2　设置图

单击【OK】按钮后，再单击窗口的调试按钮，进入软件模拟调试模式，如图 2-3 所示。

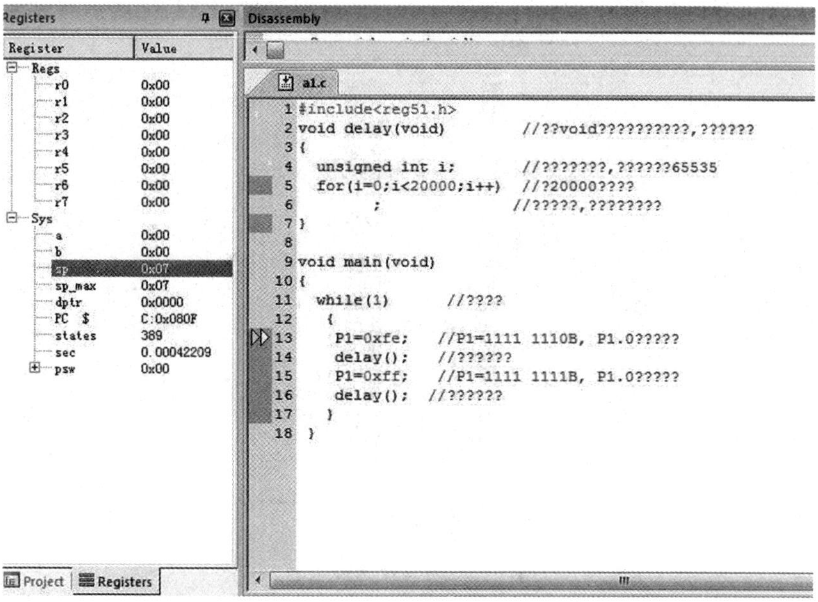

图 2-3 调试界面

进入调试界面后，运行程序，可以将硬件 I/O 模拟器打开，如图 2-4 所示。

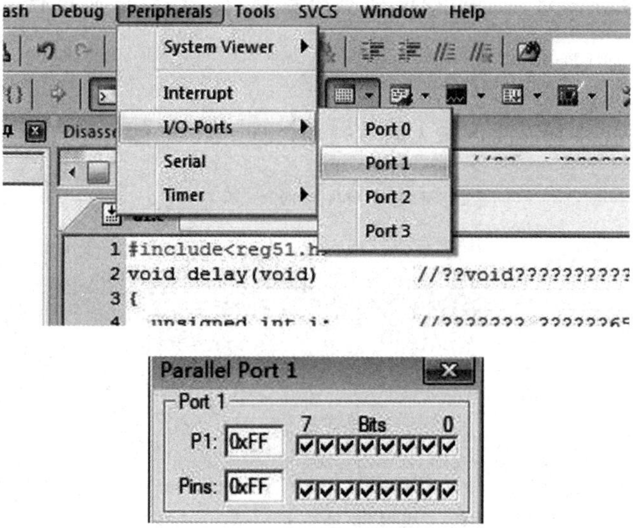

图 2-4 I/O 模拟器

同时在左侧寄存器观察窗口中可以观察“sec”的值，它后面显示的数据即为程序代码执行的时间，这个是程序启动执行到停止所花费的时间，单位为秒，如图 2-5 所示。

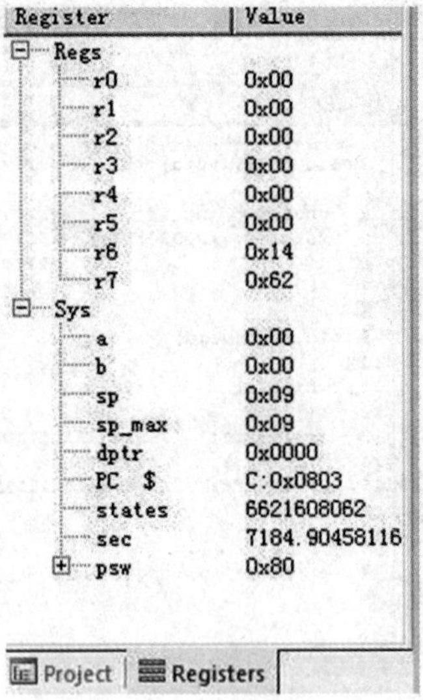

图 2-5 寄存器观察窗口

那么我们要观察这个延时到底是多少秒该如何操作呢？设置断点就可以方便判断出延时时间。在软件模拟调试下，当程序全速运行时，每遇到断点，程序会自动停止在断点处，这样就只需要在延时程序两端设置断点，然后全速执行，就可以方便计算出延时时间。

方法如下：

1. 在 Keil 调试界面，选择插入断点选项，即 F9，如图 2-6 所示。

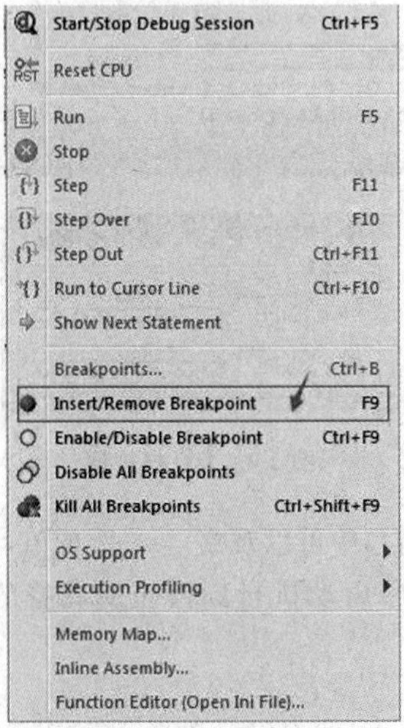

图 2-6 菜单选择项

2. 在延时程序的两端各设置一个断点，如图 2-7 所示。

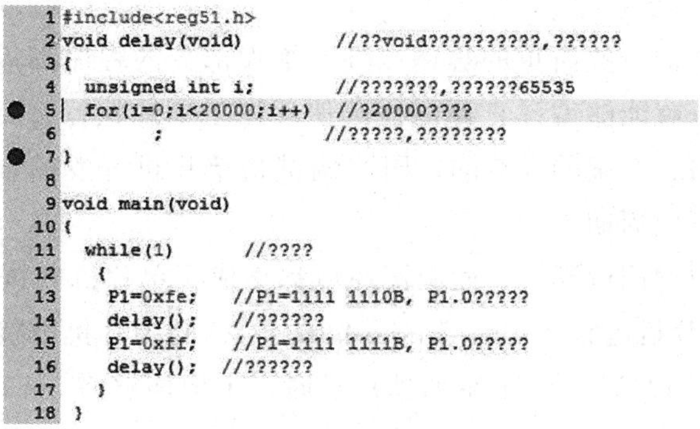

图 2-7　断点设置图

3. 全速运行程序，会发现编译界面出现运行开始标志，如图 2-8 所示。

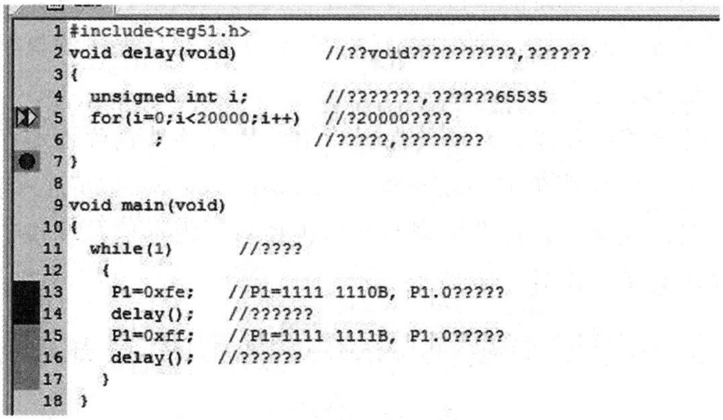

图 2-8　运行开始标志图

4. 再次全速运行程序，会发现编辑界面出现断点运行结束标志，并在寄存器观察窗口中查看“sec”的值，可以看到运行时间，如图 2-9 所示。

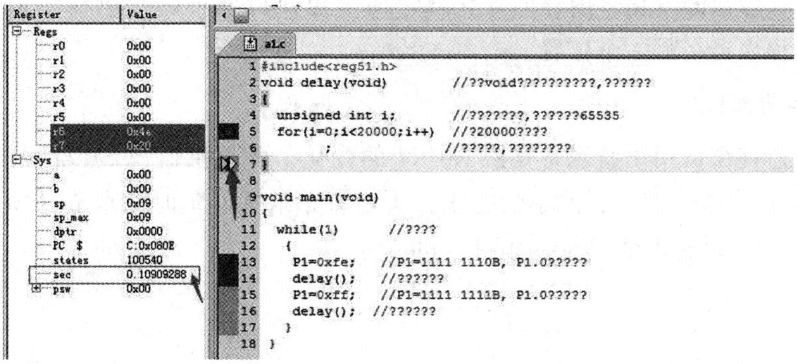

图 2-9　运行结束标志图

（五）调试技巧

一般来说，除了极少数简单的程序以外，绝大部分的程序都需要反反复复进行调试，几乎没有一下子就能够编译正确的代码使程序正确地执行。真正可实现的代码都需要通过编译、烧写、调试的环节的，因此调试是单片机开发的重要环节，直接影响到产品的稳定性和开发周期。

很多编译器都包含调试环境，而调试环境都集成了单片机内核，像 Keil 开发环境集成了 8051 系列单片机内核、AVRStudio 集成了 AVR 单片机内核。就以 Keil 软件仿真为例，当其在线软件仿真 8051 系列单片机时，不但能够将 8051 系列单片机的所有寄存器的信息都能够实时显示出来，而且能够观察到变量的变化、程序的跳转、内存信息甚至更多。

在 Keil 调试环境中已经内置了 8051 内核来模拟程序的执行，该仿真功能很强大，可以在没有硬件和硬件仿真器的情况下可以进行代码调试。有一点要注意的是，软件仿真和真实的硬件有所出入的是执行的时序，具体表现的是程序的执行速度，计算机性能越好，软件仿真运行程序速度越快。

要进行软件仿真调试程序，首要要保证当前的程序能够正确地编译通过。当被正确地编译通过以后，选择菜单 Debug→Start/Stop Debug Session 进入软件调试环境，显示界面会有明显的变化，并且多出寄存器监视窗口、内存监视窗口、变量监视窗口等，并弹出调试工具条，如图 2-10 所示。

图 2-10　快捷按钮

学会程序调试，必须要理清单步执行和全速执行的概念。单步执行顾名思义就是程序执行一步后，等待用户操作执行下一步。全速执行就是程序执行一步后不需要用户操作继续执行下一步，直到检测到断点为止。一般来说，单步执行易于观察变量值的变化、寄存器值的变化、内存的变化等，而全速执行就可以知道程序是否正确，并且很快知道程序错在哪一个位置。

1. 寄存器窗口

寄存器监视窗口用于监视寄存器 R0-R7 的变化，并提供监视 SP 堆栈指针、PC 程序计数器指针、PSW 程序状态字的变化。从之前介绍软件延时的章节已知，可以通过监视“sec”来获得精准的定时，如图 2-11 所示。

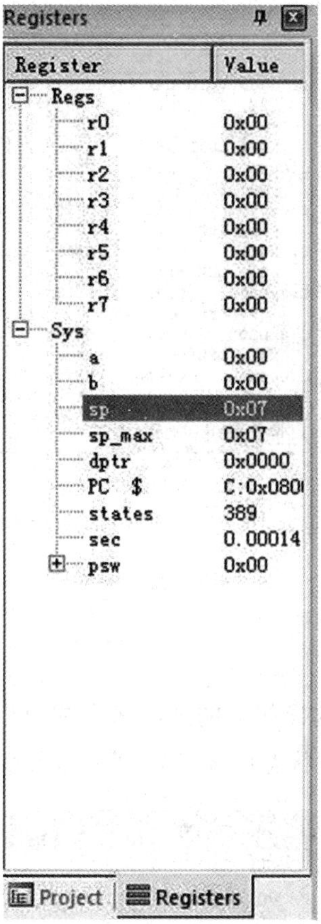

图 2-11 寄存器窗口

2. 观察窗口

点击快捷按钮，弹出观察窗口，如图 2-12 所示。

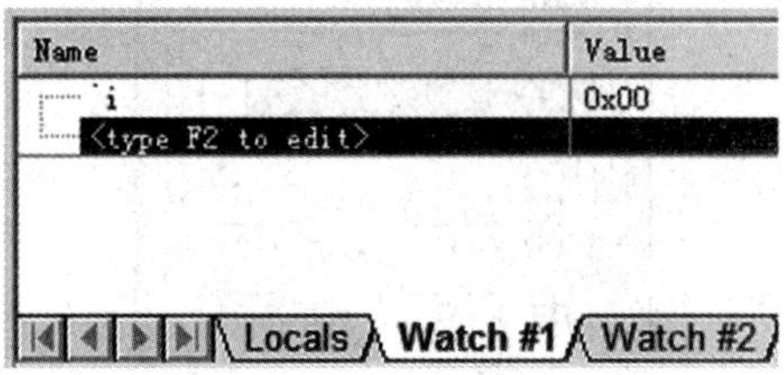

图 2-12 观察窗口

观察窗口主要用于监视变量值的变化，添加要被监视的变量的方法是在点击 Name 处，按下键盘 F2 键，然后填入要被监视的变量。

3. 反汇编窗口

点击快捷按钮，弹出反汇编窗口，反汇编窗口显示的是 C 语言代码被编译过后的汇编代码。如图 2-13 所示。

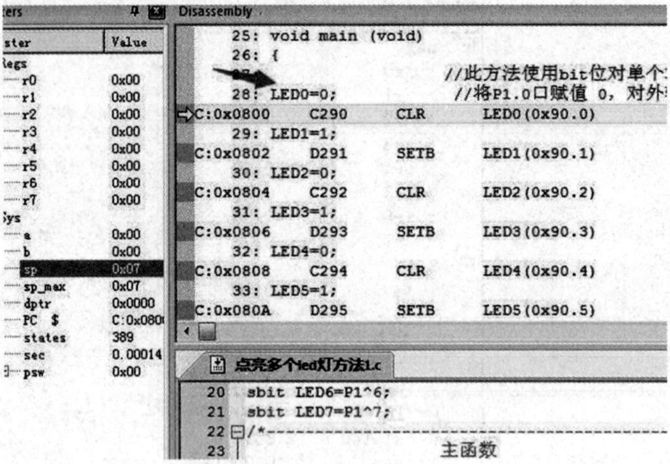

图 2-13　反汇编窗口

4. 外围设备窗口

点击菜单【Periherals】，选择相应的选项将会弹出以下的窗口，因为窗口太多，这里就显示 P0 口和定时器 0 相关状态的窗口，分别如图 2-14、图 2-15 所示。

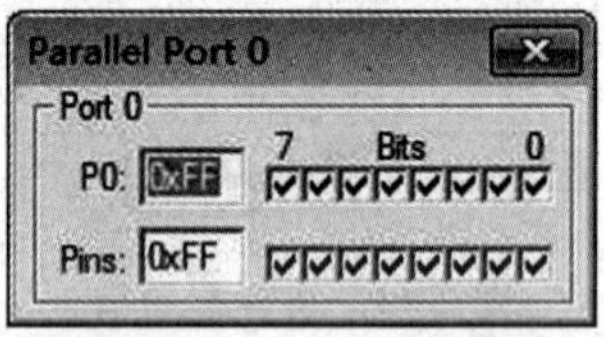

图 2-14　I/O 口对话框

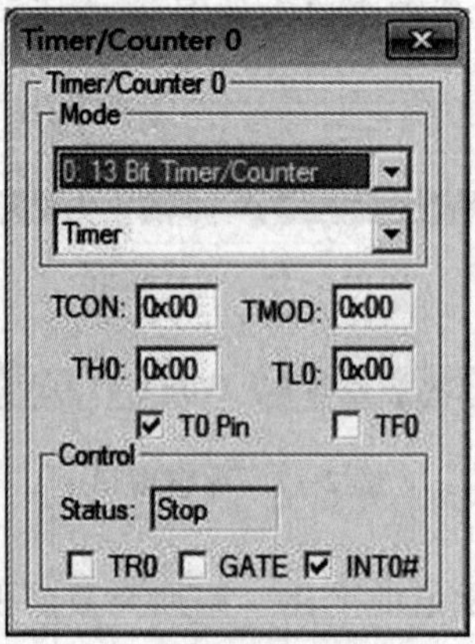

图 2-15　T/C0 对话框

由于 Keil 的软件仿真环境内建了 51 内核，能够显示单片机所有资源的状态就是最有力的证明，所以用户软件仿真时，一定要打开相关的外围设备窗口，这样就可以完全模拟真实的单片机各个周边设备是如何变化的。

5. 串行口打印窗口

点击快捷按钮，弹出串行口打印窗口，这里只要串口函数能共正常执行，打印信息时可以通过该串行口打印窗口来显示，如图 2-16 所示。

图 2-16 串行口打印窗口

6. 性能分析器

点击快捷按钮，弹出性能分析器窗口，如图 2-17 所示。

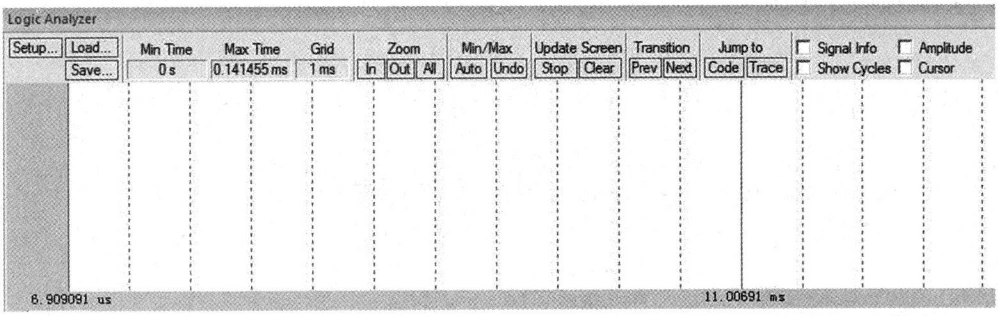

图 2-17 性能分析器

1. 参考以上程序，用其中一种你最熟悉的方式，设计程序，使 8 个发光二极管从左到右逐一循环点亮。

2. 编写程序，使 8 个发光二极管从左边到中间顺序点亮，直至全部点亮，即先点亮两边的两个 LED，延时一段时候后，再使左边两个和右边两个 LED 点亮，延时一段时间后，再使左边 3 个和右边 3 个 LED 点亮，延长一段时间后，再将 8 个 LED 全部点亮。

3. 自行创意，实现灯的创意编写。

第3章　C51常用库函数

实验任务1：

了解C51常用库函数的使用，字符函数ctype.h、intrins.h、stdlib.h、string.h应用举例。

C语言源程序1：

```
# include< reg51.h>                    //包含51单片机寄存器定义的头文件
# include< ctype.h>
void main(void)
  {
    while(1)
    {
      P3= isalpha('_')? 0xf0:0x0f;//条件运算,若'_'是英文字母,P3= 0xf0
}
  }
```

C语言源程序2：

```
# include< reg51.h>                    //包含51单片机寄存器定义的头文件
# include< intrins.h>                  //包含函数isalpha()声明的头文件
void delay(void)
{
  unsigned char m,n;
  for(m= 0;m< 200;m+ + )
    for(n= 0;n< 250;n+ + )
        ;
}
void main(void)
  {
    P3= 0xfe;                          //P3= 1111  1110B
while(1)
    {
      P3= _crol_(P3,1);                //将P3的二进制位循环左移1位后再赋给P3
```

```
        delay();                          //调用延时函数
  }
}
```

C语言源程序3:

```
# include< reg51. h>                   //包含51单片机寄存器定义的头文件
# include< stdlib. h>                  //包含函数isalpha()声明的头文件
void delay(void)
{
  unsigned char m,n;
  for(m= 0;m< 200;m+ + )
    for(n= 0;n< 250;n+ + )
        ;
}
void main(void)
  {
  unsigned char i;
  while(1)
    {
      for(i= 0;i< 10;i+ + )           //产生10个随机数
        {
          P3= rand()/160;             //将产生的随机数缩小160倍后送P3显示
            delay();
        }
      }
  }
```

C语言源程序4:

```
# include< reg51. h>                   //包含51单片机寄存器定义的头文件
# include< string. h>                  //包含函数isalpha()声明的头文件
void main(void)
  {
  unsigned char str1[]= "Now,The temperature is :";
  unsigned char str2[]= "Now,The temperature is 36 Centgrade:";
  unsigned char i;
  i= strcmp(str1,str2);               //比较两个字符串,并将结果存入i
  if(i= = 0)                          //str1= str2
    P3= 0x00;
  else
    if(i< 0)                          //str1< str2
```

```
      P3= 0xf0;
  else                                    // str1> str2
    P3= 0x0f;
  while(1)
    ;                                     //防止程序"跑飞"
  }
```

知识点 〉〉〉

ctype. h 头文件

在代码中引用头文件，其实际意义就是将这个头文件的全部内容引用到头文件的位置处，免去我们每次编写同类程序都要将头文件中的语句重复编写。

在代码中加入头文件有两种书写方法，

格式：＃include＜ctype. h＞和＃include "ctype. h"

注意：包含头文件时都不需要在后面加分号

写法区别：当使用＜＞包含头文件时，编译器先进入到软件安装文件夹处开始搜索这个头文件，也就是 Keil \ C51 \ INC 这个文件夹下，如果这个文件夹下没有引用的头文件，编译器就会报错；当使用"" 包含头文件时，编译器先进入当前工程所在文件夹处开始搜索该头文件，如果当前工程所在文件夹下没有该头文件，编译器将继续回到软件安装文件夹处搜索这个头文件。若找不到该头文件，编译器将报错。

在 keil 中，我们可以打开头文件查看其内容，将鼠标移动到 ctype. h 上，单击右键，选择【open document ＜ctype. h＞】，即可查看该头文件内容。

CTYPE. H 如下：

```
Prototypes for character functions.
Copyright (c) 1988- 2002 Keil Elektronik GmbH and Keil Software,Inc.
All rights reserved.
# ifndef __CTYPE_H__
# define __CTYPE_H__
# pragma SAVE
# pragma REGPARMS
extern bit isalpha (unsigned char);
extern bit isalnum (unsigned char);
extern bit iscntrl (unsigned char);
extern bit isdigit (unsigned char);
extern bit isgraph (unsigned char);
extern bit isprint (unsigned char);
extern bit ispunct (unsigned char);
```

```
extern bit islower (unsigned char);
extern bit isupper (unsigned char);
extern bit isspace (unsigned char);
extern bit isxdigit (unsigned char);
extern unsigned char tolower (unsigned char);
extern unsigned char toupper (unsigned char);
extern unsigned char toint (unsigned char);
# define _tolower(c) ((c)- 'A'+ 'a')
# define _toupper(c) ((c)- 'a'+ 'A')
# define toascii(c) ((c) &0x7F)
# pragma RESTORE
# endif
```

1. 参考以上程序 2，设计程序，使 8 个发光二极管从右到左逐一循环点亮。
2. 参考以上程序，自行创意，实现灯的创意编写。

第 4 章 C51 宏定义的使用

实验任务 1：

了解 C51 宏定义的使用。

C 语言源程序 1：

```
# include< reg51. h>                    //包含 51 单片机寄存器定义的头文件
# define F(a,b) (a)+ (a)* (b)/256+ (b)
                                        //带参数的宏定义，a 和 b 为形参
void main(void)
  {
    unsigned char i,j,k;
    i= 40;
    j= 30;
    k= 20;
    P3= F(i,j+ k);                      //i 和 j+ k 分别为实参，宏展开时，实参将替代宏定义中
                                          的形参
    while(1)
        ;
  }
```

C 语言源程序 2：

```
# include< reg51. h>                    //包含 51 单片机寄存器定义的头文件
# define MAX 100                        //将 MAX 宏定义为字符串 100
void main(void)
{
  # if MAX> 80                          //如果字符串 100 大于 80
    P3= 0xf0;                           //P3 口低四位 LED 点亮
  # else
    P3= 0x0f;                           //否则，P3 口高四位 LED 点亮
  # endif                               //结束本次编译
}
```

C 语言源程序 3：

```
# include< reg51.h>
# define unit unsigned int
sbit ledl= P1^0;
void delayms(unit);
void main()
{
  while(1)
  {
    ledl= 0;
      delayms(200);
    ledl= 1;
      delayms(800);
  }
}
void delayms(unit xms)
{
  unit i,j;
  for(i= xms;i> 0;i- - );
  for(j= 110;j> 0;j- - );
}
```

知识点

宏定义

宏定义的指令有：＃define、＃undef。

一、＃define 宏定义

1. 不带参数的宏定义

格式：＃define 新名称　原内容

注意事项：

(1) 宏定义不是语句，注意后面没有分号，＃define 命令用它后面的第一个字母组合代替该字母组合后面的所有内容，也就是相当于我们给“原内容”重新起一个比较简单的“新名称”。方便在程序中直接用一个简短的新名称，而不必每次写繁琐的原内容。

(2) 在一个程序代码中，只要宏定义过一次，那么在整个代码中都可以直接使用它的新名称，但对于同一个内容，宏定义只能定义一次，若定义两次，将会出现重复定义的错误提示。

(3) 一般使用大写字母定义标识符，这样可与变量名相区别，并易于发现宏替换的位置。

2. 带参数的宏定义

格式：＃define 新名称（参数表）　原内容

每次遇到新名称时，与之相连的形参均由程序中的实参代替。

二、＃undef 宏取消

格式：＃undef 宏名

＃undef 命令可以取消前面已经定义过的宏名。使用＃undef 命令的目的是将宏名局限在仅需要的代码段中。

1. 参考以上程序 2，设计程序，使 8 个发光二级管一半亮一半灭。
2. 参考以上程序，自行创意，实现灯的创意编写。

第 5 章　外部中断实例

通过本章实验可以加深对 51 单片机中断系统的理解，学习外部中断的基本使用方法及相关编程。

实验任务 1：

使用外部 INT0 中断控制 LED，每次按键都会触发 INT0 中断，中断发生时将 LED 状态取反，产生 LED 状态由按键控制的效果。

在我们的生活中，随处可见各式各样的彩灯，给这本来充满美丽的世界又添加了一份别致的美，想知道流水灯是怎么实现的吗？灯向一个方向（向左或向右）点亮一个灯，就像流动的水一样，其实利用单片机的中断功能就可以实现。以外部中断为例，做一个中断的应用试验。在实验板上有一个按钮，在 INT0 引脚上外接按键，可以用这个按键来模拟外部中断产生的信号，并用 P0 口接的 LED 作为中断响应，实验仿真效果呈现图如图 5-1 所示，实验电路图如图 5-2 所示。

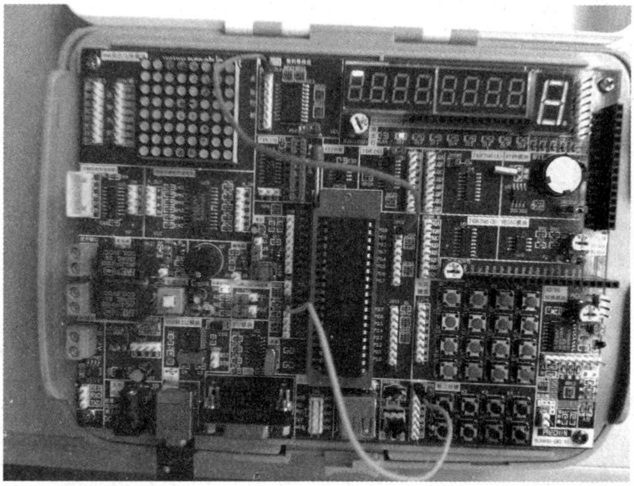

图 5-1　外部 INT0 中断控制 LED 仿真效果图

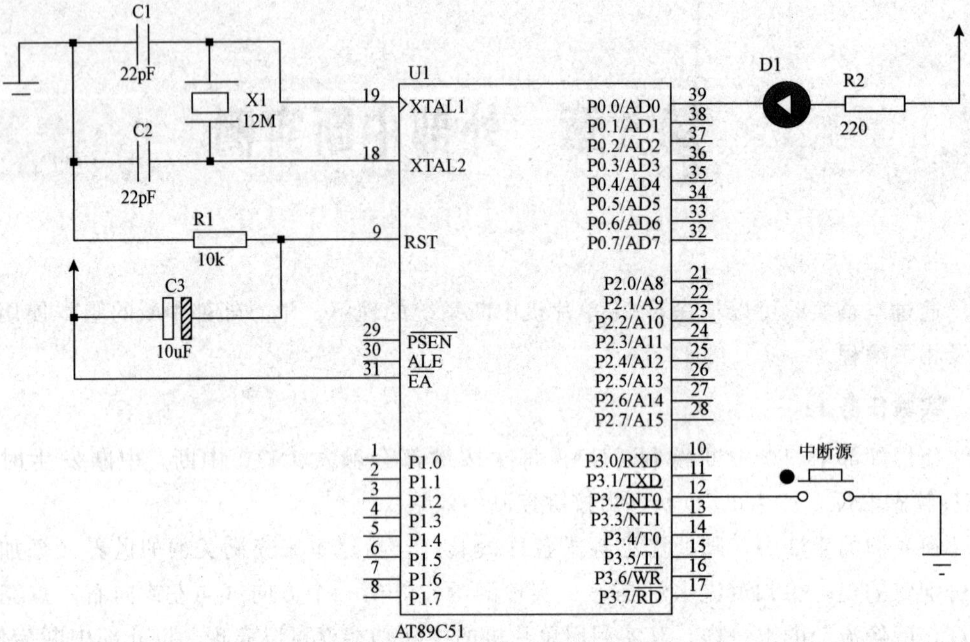

图 5-2 外部 INT0 中断控制 LED 电路图

C 语言源程序 1:

```
/* 名称:外部 INT0 中断控制 LED* /
# include< reg51. h>
# define uchar unsigned char
# define uint unsigned int
sbit LED= P0^0;
void main()                          //主程序
{
  LED= 1;
  EA= 1;
  EX0= 1;
  IT0= 1;
  while(1);
}
void EX_INT0() interrupt 0           //INT0 中断函数
{
  LED= ~ LED;                        //控制 LED 亮灭
}
```

实验任务 2：

使用 INT0 中断计数，每次按下计数键时触发 INT0 中断，中断程序累加计数，计数值显示在 3 只数码管上，按下清零键时数码管清零，实现 INT0 中断计数。实验电路图如图 5-3 所示。

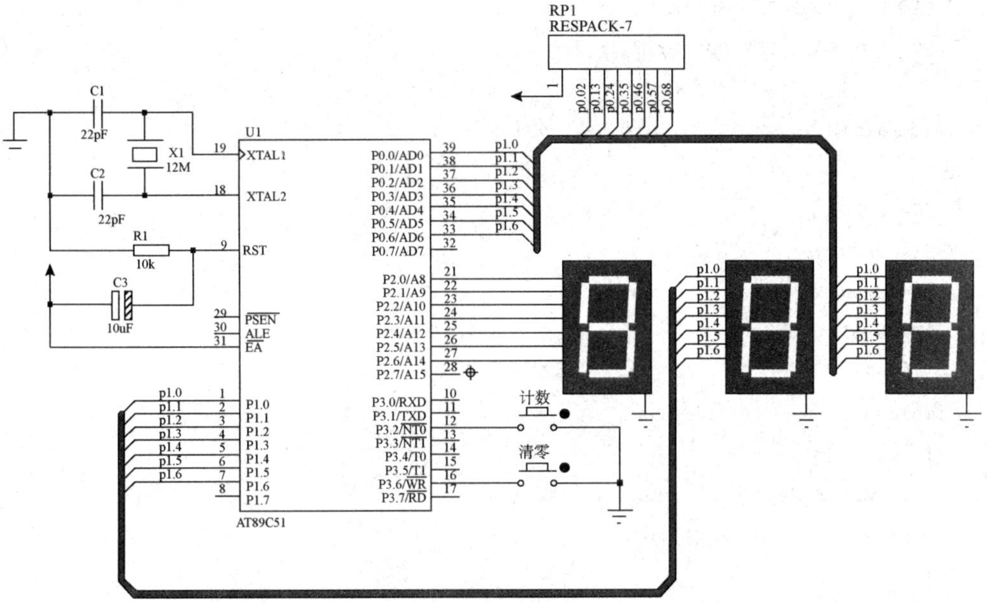

图 5-3 INT0 中断计数电路图

C 语言源程序 2：

```
/* 名称:INT0 及 INT1 中断计数* /
# include< reg51.h>
# define uchar unsigned char
# define uint unsigned int
uchar code DSY_CODE[]= {0x3f,0x06,0x5b,0x4f,0x66,0x6d,0x7d,0x07,0x7f,0x6f,0x00};
                                        //0~ 9 的段码
uchar DSY_Buffer[]= {0,0,0};            //计数值分解后各个待显示的数位
uchar Count= 0;
sbit Clear_Key= P3^6;
void Show_Count_ON_DSY()                //数码管上显示计数值
{
  DSY_Buffer[2]= Count/100;             //获取 3 个数
  DSY_Buffer[1]= Count% 100/10;
  DSY_Buffer[0]= Count% 10;
  if(DSY_Buffer[2]= = 0)                //高位为 0 时不显示
  {
```

```
    DSY_Buffer[2]= 0x0a;
    if(DSY_Buffer[1]= = 0)          //高位为 0,若第二位为 0 同样不显示
    DSY_Buffer[1]= 0x0a;
  }
  P0= DSY_CODE[DSY_Buffer[0]];
  P1= DSY_CODE[DSY_Buffer[1]];
  P2= DSY_CODE[DSY_Buffer[2]];
}
void main()                         //主程序
{
  P0= 0x00;
  P1= 0x00;
  P2= 0x00;
  IE= 0x81;                         //允许 INT0 中断
  IT0= 1;                           //下降沿触发
  while(1)
  {
    if(Clear_Key= = 0) Count= 0;    //清 0
    Show_Count_ON_DSY();
  }
}
void EX_INT0() interrupt 0          //INT0 中断函数
{
  Count+ + ;                        //计数值递增
}
```

实验任务 3：

每次按下第 1 个计数键时，第 1 组计数值累加并显示在右边 3 只数码管上，每次按下第 2 个计数键时，第 2 组计数值累加并显示在左边 3 只数码管上，后两个按键分别清零。实验电路图如图 5-4 所示。

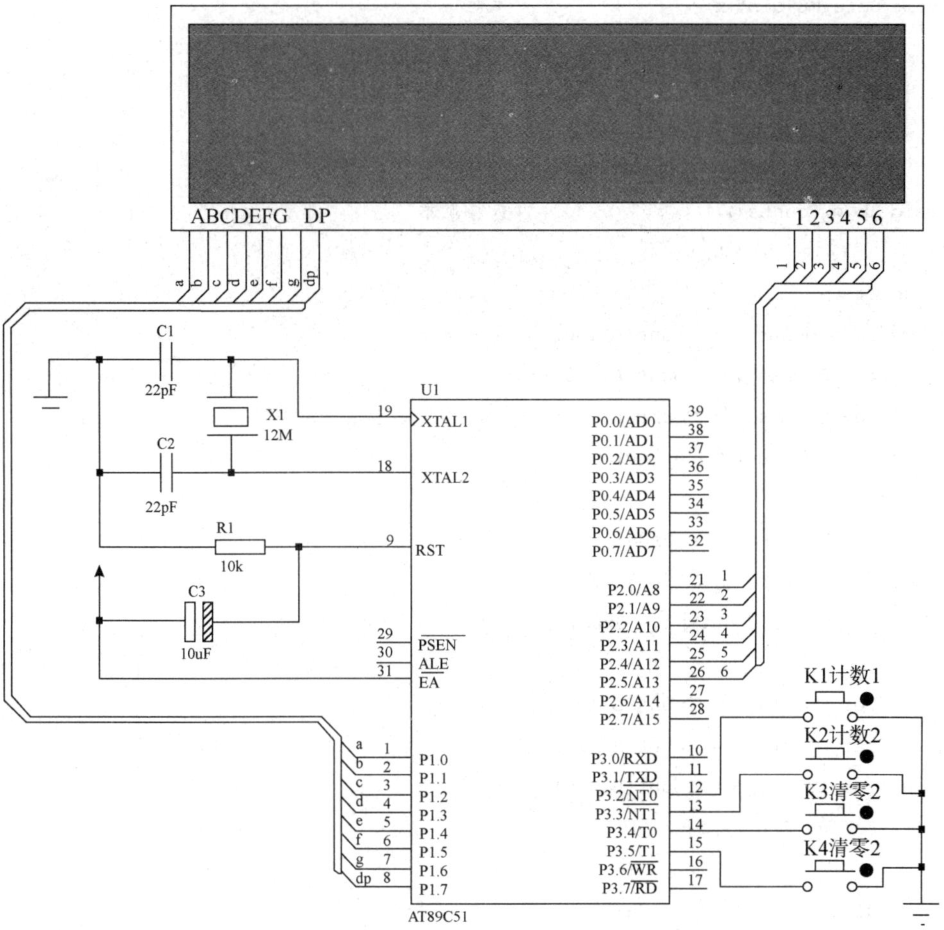

图 5-4 INT0 及 INT1 中断计数电路图

C 语言源程序 3:

```
/* 名称:INT0 及 INT1 中断计数* /
# include< reg51. h>
# define uchar unsigned char
# define uint unsigned int
sbit K3= P3^4;                    //2 个清零键
sbit K4= P3^5;
uchar code DSY_CODE[]= {0xc0,0xf9,0xa4,0xb0,0x99,0x92,0x82,0xf8,0x80,0x90,0xff};
                                  //数码管段码与位码
uchar code DSY_Scan_Bits[]= {0x20,0x10,0x08,0x04,0x02,0x01};
uchar data Buffer_Counts[]= {0,0,0,0,0,0};
                                  //2 组计数的显示缓冲,前 3 位一组,后 3 位一组
uint Count_A,Count_B= 0;
```

```
void DelayMS(uint x)                    //延时
{
  uchar t;
  while(x--) for(t=0;t<120;t++);
}
void Show_Counts()                      //数据显示
{
  uchar i;
  Buffer_Counts[2]=Count_A/100;
  Buffer_Counts[1]=Count_A%100/10;
  Buffer_Counts[0]=Count_A%10;
  if(Buffer_Counts[2]==0)
  {
    Buffer_Counts[2]=0x0a;
    if(Buffer_Counts[1]==0)
        Buffer_Counts[1]=0x0a;
  }
  Buffer_Counts[5]=Count_B/100;
  Buffer_Counts[4]=Count_B%100/10;
  Buffer_Counts[3]=Count_B%10;
  if(Buffer_Counts[5]==0)
  {
    Buffer_Counts[5]=0x0a;
    if(Buffer_Counts[4]==0)
        Buffer_Counts[4]=0x0a;
  }
  for(i=0;i<6;i++)
  {
    P2=DSY_Scan_Bits[i];
    P1=DSY_CODE[Buffer_Counts[i]];
    DelayMS(1);
  }
}
void main()                             //主程序
{
  IE=0x85;
  PX0=1;                                //中断优先
  IT0=1;
  IT1=1;
```

```
    while(1)
    {
      if(K3==0) Count_A=0;
      if(K4==0) Count_B=0;
      Show_Counts();
    }
}
void EX_INT0() interrupt 0          //INT0 中断函数
{
    Count_A++;
}
void EX_INT1() interrupt 2          //INT1 中断函数
{
    Count_B++;
}
```

1. 参考以上程序，用其中一种你最熟悉的方式，编写使用外部中断 0 或者外部中断 1 控制一个 LED 灯的程序。

2. 编写程序，实现使用外部中断 1 控制 8 个 LED 灯间隔一个灯亮一个灯灭的程序。

3. 自行创意，实现使用外部中断控制 LED 灯的创意编写。

第 6 章　定时器类实例

通过实验，掌握 51 单片机系统定时器中断的原理和使用方法。

实验任务 1：

使用定时器 T0 控制一个 LED 在定时器的中断例程控制下不断闪烁。

随着人们生活环境的不断改善和美化，在许多场合可以看到闪烁的彩灯。LED 彩灯由于其丰富的灯光色彩，低廉的造价以及控制简单等特点而得到了广泛的应用，用彩灯来装饰已经成为一种时尚。实验仿真效果呈现图如图 6-1 所示，实验电路图如图 6-2 所示。

图 6-1　定时器控制 LED 仿真效果图

C 语言源程序 1：

```
/* 名称:定时器控制单只 LED* /
# include< reg51. h>
# define uchar unsigned char
# define uint unsigned int
sbit LED= P0^0;
uchar T_Count= 0;
void main()                         //主程序
```

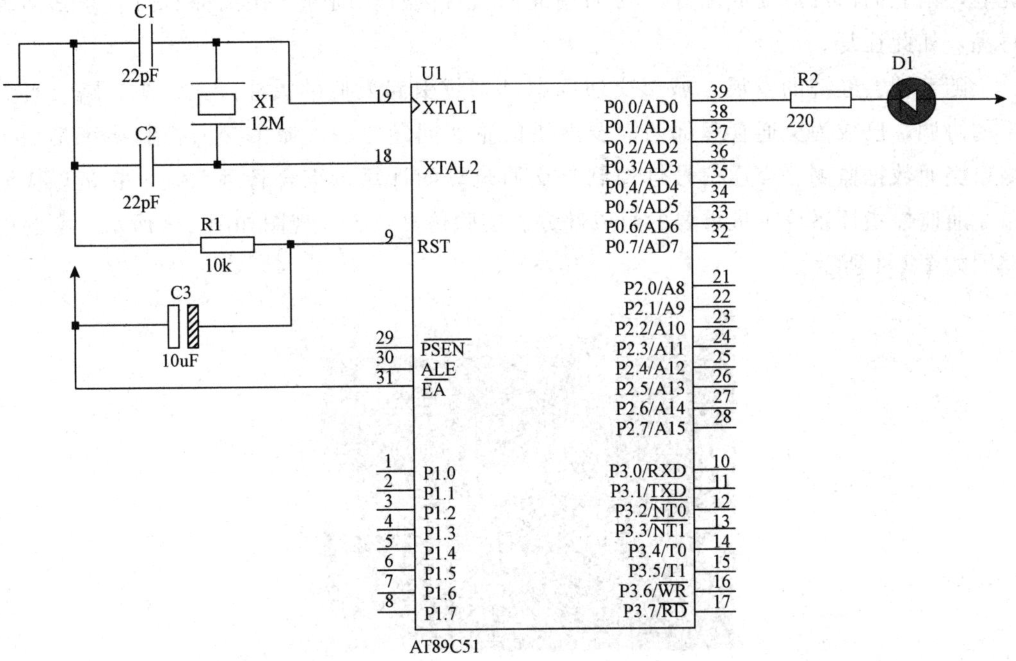

图 6-2 定时器控制 LED 电路图

```
{
  TMOD= 0x00;                  //定时器 0 工作方式 0
  TH0= (8192- 5000)/32;        //5ms 定时
  TL0= (8192- 5000)% 32;
  IE= 0x82;                    //允许 T0 中断
  TR0= 1;
  while(1);
}
void LED_Flash() interrupt 1   //T0 中断函数
{
  TH0= (8192- 5000)/32;        //恢复初值
  TL0= (8192- 5000)% 32;
  if(+ + T_Count= = 100)       //0.5s 开关一次 LED
  {
    LED= ~ LED;
    T_Count= 0;
  }
}
```

实验任务 2：

定时器控制交通灯，实现东西向绿灯亮 5s 后，黄灯闪烁，闪烁 5 次亮红灯，红灯亮后，南北向由红灯变成绿灯，5s 后南北向黄灯闪烁，闪烁 5 次后亮红灯，东西向绿灯亮，如此往复。

随着社会经济的发展，城市交通问题越来越引起人们的关注。人、车、路三者关系的协调，已成为交通管理部门需要解决的重要问题之一。城市交通控制系统是用于城市交通数据监测、交通信号灯控制与交通疏导的计算机综合管理系统，它是现代城市交通监控指挥系统中最重要的组成部分。实验仿真效果呈现图如图 6-3 所示，实验电路图如图 6-4 所示。

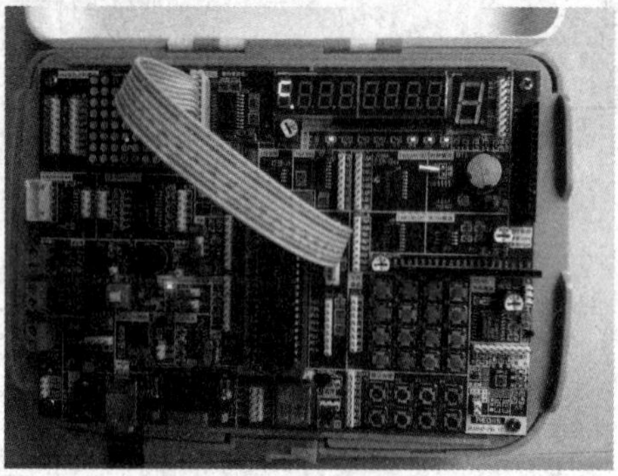

图 6-3　定时器控制交通指示灯仿真效果图

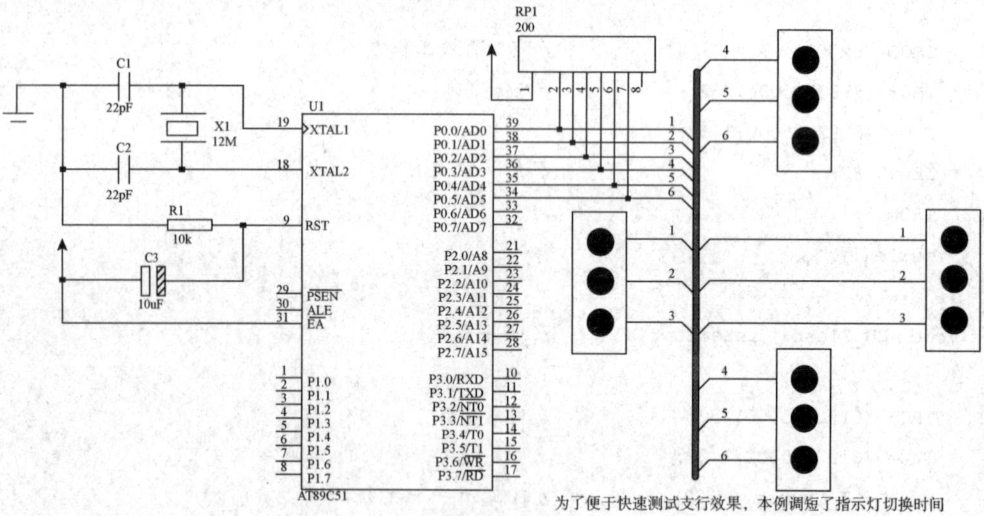

图 6-4　定时器控制交通指示灯电路图

C 语言源程序 2：

```
/* 名称:定时器控制交通指示灯* /
# include< reg51. h>
# define uchar unsigned char
# define uint unsigned int
```

```
sbit RED_A= P0^0;                  //东西向指示灯
sbit YELLOW_A= P0^1;
sbit GREEN_A= P0^2;
sbit RED_B= P0^3;                  //南北向指示灯
sbit YELLOW_B= P0^4;
sbit GREEN_B= P0^5;
uchar Time_Count= 0,Flash_Count= 0,Operation_Type= 1;
                                   //延时倍数,闪烁次数,操作类型变量
void T0_INT() interrupt 1          //定时器 0 中断函数
{
  TL0= - 50000/256;
  TH0= - 50000% 256;
  switch(Operation_Type)
{
  case 1:                          //东西向绿灯与南北向红灯亮 5s
      RED_A= 0;YELLOW_A= 0;GREEN_A= 1;
      RED_B= 1;YELLOW_B= 0;GREEN_B= 0;
      if(+ + Time_Count! = 100) return;
                                   //5s(100* 50ms)切换
      Time_Count= 0;
      Operation_Type= 2;
      break;
  case 2:                          //东西向黄灯开始闪烁,绿灯关闭
      if(+ + Time_Count! = 8) return;
      Time_Count= 0;
      YELLOW_A= ~ YELLOW_A;GREEN_A= 0;
      if(+ + Flash_Count! = 10) return;
                                   //闪烁
      Flash_Count= 0;
      Operation_Type= 3;
      break;
  case 3:                          //东西向红灯与南北向绿灯亮 5s
      RED_A= 1;YELLOW_A= 0;GREEN_A= 0;
      RED_B= 0;YELLOW_B= 0;GREEN_B= 1;
      if(+ + Time_Count! = 100) return;
                                   //5s(100* 50ms)切换
      Time_Count= 0;
      Operation_Type= 4;
      break;
```

```
    case 4:                              //南北向黄灯开始闪烁,绿灯关闭
        if(+ + Time_Count! = 8) return;
        Time_Count= 0;
        YELLOW_B= ~ YELLOW_B;GREEN_A= 0;
        if(+ + Flash_Count! = 10) return;
                                         //闪烁
        Flash_Count= 0;
        Operation_Type= 1;
        break;
    }
}
void main()                              //主程序
{
    TMOD= 0x01;                          //T0 方式 1
    IE= 0x82;
    TR0= 1;
    while(1);
}
```

实验任务 3：

定时器控制 P0、P2 口的 LED 滚动显示，本例未使用中断函数。实验电路图如图 6-5 所示。

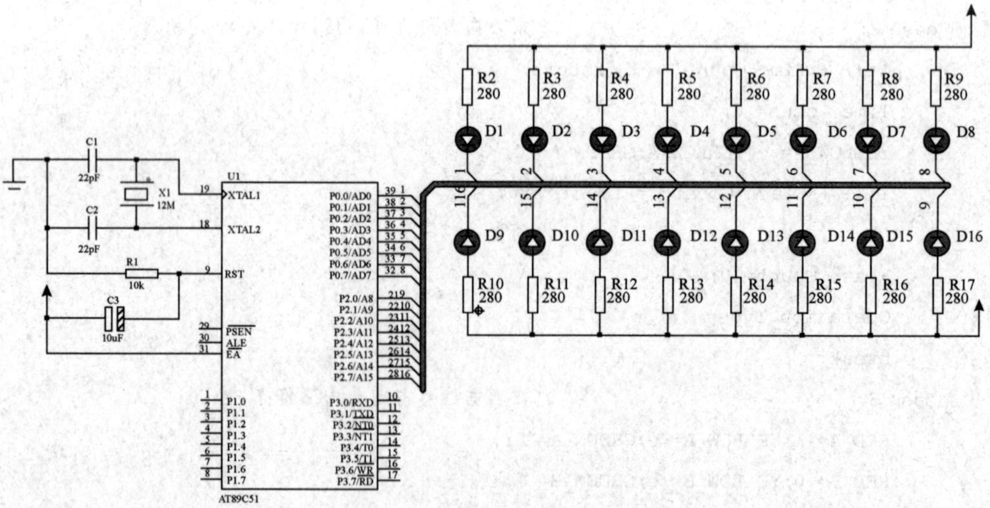

图 6-5　TIMER0 控制流水灯电路图

C 语言源程序 3：

```
/* 名称:TIMER0 控制流水灯 * /
# include< reg51. h>
# include< intrins. h>
# define uchar unsigned char
# define uint unsigned int
void main()                          //主程序
{
  uchar T_Count= 0;
  P0= 0xfe;
  P2= 0xfe;
  TMOD= 0x01;                        //定时器 0 工作方式 1
  TH0= (65536- 40000)/256;           //40ms 定时
  TL0= (65536- 40000)% 256;
  TR0= 1;                            //启动定时器
  while(1)
  {
    if(TF0= = 1)
    {
      TF0= 0;
      TH0= (65536- 40000)/256;       //恢复初值
      TL0= (65536- 40000)% 256;
      if(+ + T_Count= = 5)
      {
        P0= _crol_(P0,1);
        P2= _crol_(P2,1);
        T_Count= 0;
      }
    }
  }
}
```

实验任务 4：

定时器 T0 定时控制上一组条形 LED，滚动速度较快，定时器 T1 定时控制下一组条形 LED 滚动速度较慢。实验电路图如图 6-6 所示。

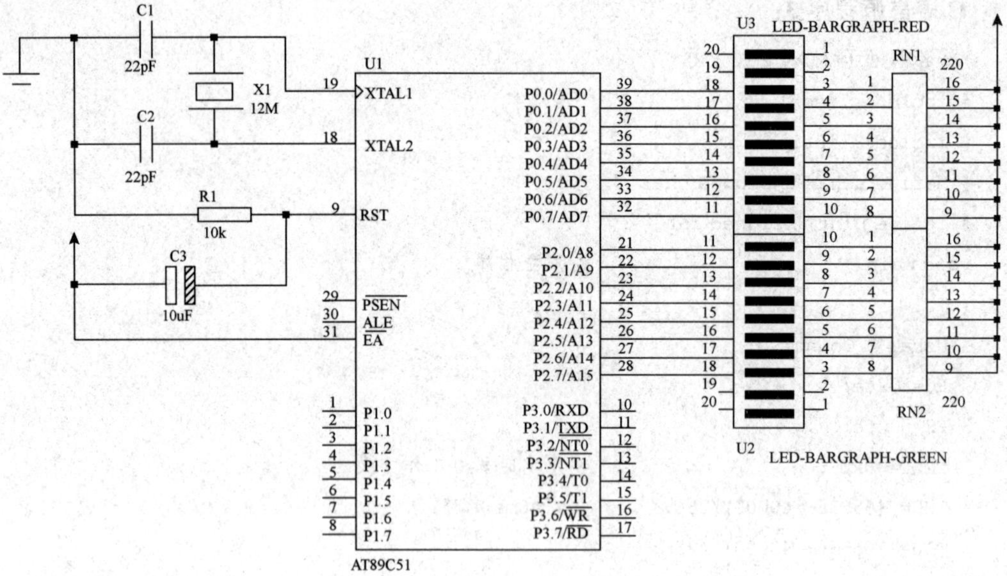

图 6-6 TIMER0 与 TIMER1 控制条形 LED 电路图

C 语言源程序 4:

```
/* 名称:TIMER0 与 TIMER1 控制条形 LED* /
# include< reg51. h>
# include< intrins. h>
# define uchar unsigned char
# define uint unsigned int
uchar tc0= 0,tc1= 0;
void main()                        //主程序
{
  P0= 0xfe;
  P2= 0xfe;
  TMOD= 0x11;                      //定时器 0、定时器 1 均工作于方式 1
  TH0= (65536- 15000)/256;         //定时器 0:15ms
  TL0= (65536- 15000)% 256;
  TH1= (65536- 50000)/256;         //定时器 1:50ms
  TL1= (65536- 50000)% 256;
  IE= 0x8a;
  TR0= 1;                          //启动定时器
  TR1= 1;
  while(1);
}
void Time0() interrupt 1           //T0 中断函数
```

```
{
  TH0= (65536- 15000)/256;          //恢复定时器 0 初值
  TL0= (65536- 15000)% 256;
  if(+ + tc0= = 10)                 //150ms 转换状态
  {
    tc0= 0;
    P0= _crol_(P0,1);
  }
}
void Time1() interrupt 3            //T1 中断函数
{
  TH0= (65536- 50000)/256;          //恢复定时器 1 初值
  TL0= (65536- 50000)% 256;
  if(+ + tc1= = 10)                 //500ms 转换状态
  {
    tc1= 0;
    P2= _crol_(P2,1);
  }
}
```

1. 参考以上程序，用其中一种你最熟悉的方式，编写使用定时器 T1 控制一个 LED 灯闪烁的程序。

2. 编写程序，实现定时器 T0 或者定时器 T1 控制 LED 灯隔一个灯亮隔一个灯灭的程序。

3. 自行创意，实现使用定时器 T0 或者控制 LED 灯的创意编写。

第7章　串口类实例

实验任务1：

串行数据转换为并行数据，实现串行数据由RXD发送给串并转换芯片74164，TXD则用于输出移位时钟脉冲，74164将串行输入的1字节转换为并行数据，并将转换的数据通过8只LED显示出来。本例串口工作模式0，即移位寄存器I/O模式。实验电路图如图7-1所示。

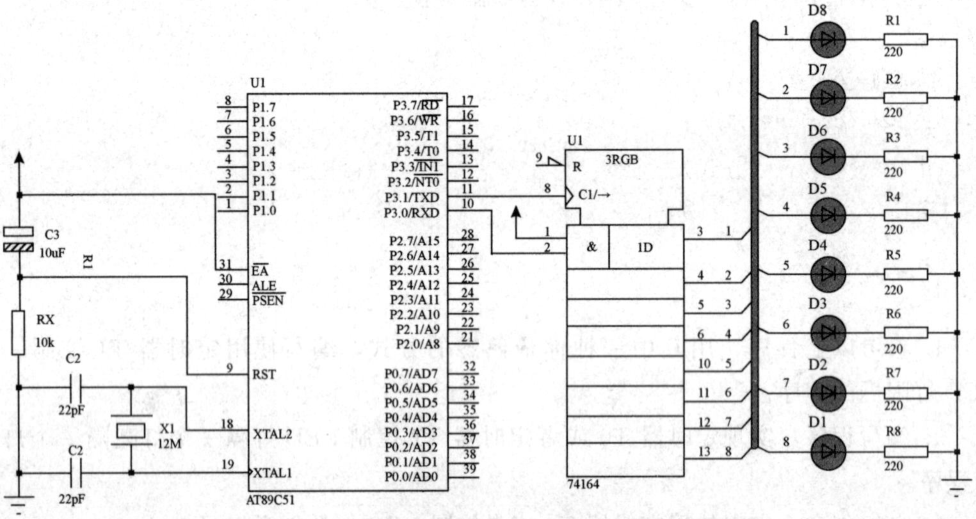

图7-1　串行数据转换为并行数据显示电路图

C语言源程序1：

```
/* 名称：串行数据转换为并行数据* /
# include< reg51. h>
# include< intrins. h>
# define uchar unsigned char
# define uint unsigned int
sbit SPK= P3^7;
uchar FRQ= 0x00;
void DelayMS(uint ms)                    //延时
{
  uchar i;
```

```
  while(ms- - ) for(i= 0;i< 120;i+ + );
}
void main()                          //主程序
{
  uchar c= 0x80;
  SCON= 0x00;                        //串口模式 0,即移位寄存器输入/输出方式
  TI= 1;
  while(1)
  {
    c= _crol_(c,1);
    SBUF= c;
    while(TI= = 0);                  //等待发送结束
    TI= 0;                           //TI 软件置位
    DelayMS(400);
  }
}
```

实验任务 2：

并行数据转换为串行数据，切换连接到并串转换芯片 74LS165 的拨码开关，该芯片将并行数据以串行方式发送到 8051 的 RXD 引脚，移位脉冲由 TXD 提供，显示在 P0 口。实验电路图如图 7-2 所示。

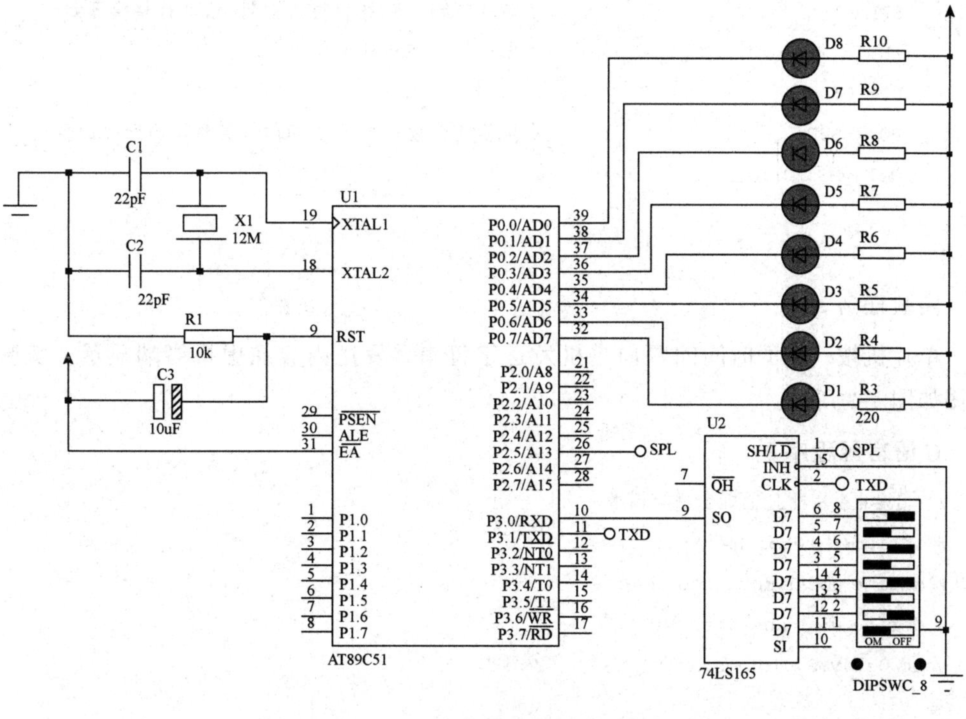

图 7-2　并行数据转换为串行数据电路图

C 语言源程序 2:

```
/* 名称:并行数据转换为串行数据* /
# include< reg51. h>
# include< intrins. h>
# include< stdio. h>
# define uchar unsigned char
# define uint unsigned int
sbit SPL= P2^5;                    // shift/load
void DelayMS(uint ms)              // 延时
{
  uchar i;
  while(ms- - ) for(i= 0;i< 120;i+ + );
}
void main()                        // 主程序
{
  SCON= 0x10;                      // 串口模式 0,允许串口接收
  while(1)
  {
    SPL= 0;                        // 置数(load),读入并行输入口的 8 位数据
    SPL= 1;                        // 移位(shift),并口输入被封锁,串行转换开始
    while(RI= = 0);                // 未接收 1 字节时等待
    RI= 0;                         // RI 软件置位
    P0= SBUF;                      // 接收到的数据显示在 P0 口,显示拨码开关的值
    DelayMS(20);
  }
}
```

实验任务 3:

单片机按一定的时间间隔向主机发送字符串，发送内容在虚拟终端显示。实验电路图如图 7-3 所示。

C 语言源程序 3:

```
/* 名称:单片机向主机发送字符串* /
# include< reg51. h>
# define uchar unsigned char
# define uint unsigned int
void DelayMS(uint ms)              // 延时
{
  uchar i;
  while(ms- - ) for(i= 0;i< 120;i+ + );
```

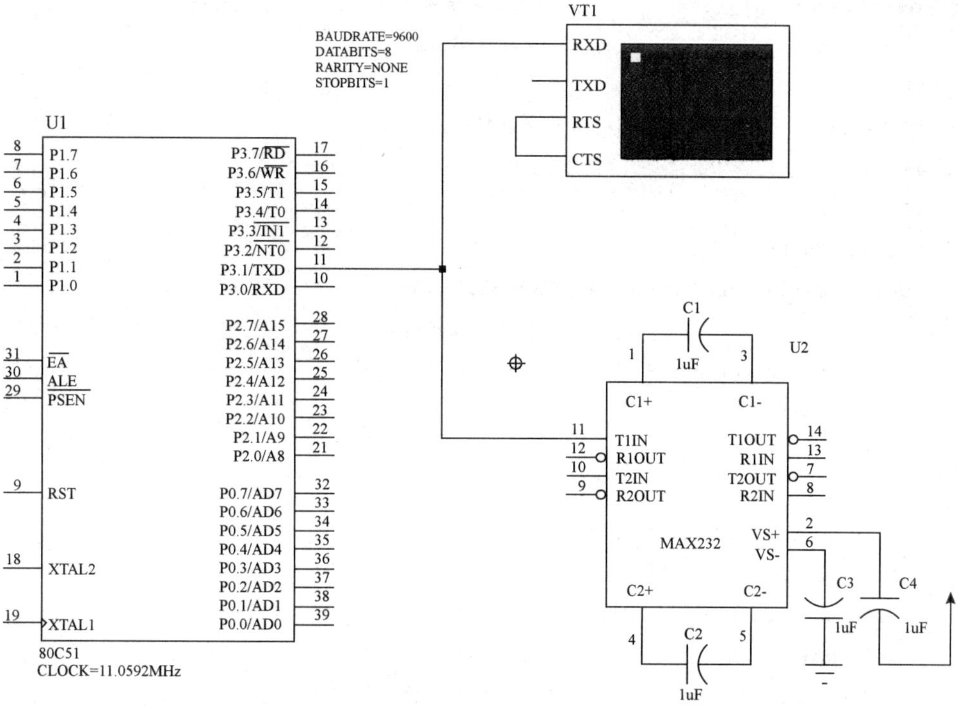

图 7-3 单片机向主机发送字符串电路图

```
}
void Putc_to_SerialPort(uchar c)   //向串口发送字符
{
  SBUF= c;
  while(TI= = 0);
  TI= 0;
}
void Puts_to_SerialPort(uchar * s)  //向串口发送字符串
{
  while(* s! = '\0')
  {Putc_to_SerialPort(* s);
    s+ + ;
    DelayMS(5);
  }
}
void main()                         //主程序
{
  uchar c= 0;
  SCON= 0x40;                       //串口模式 1
```

```
    TMOD= 0x20;                    //T1 工作模式 2
    TH1= 0xfd;                     //波特率 9600
    TL1= 0xfd;
    PCON= 0x00;                    //波特率不倍增
    TI= 0;
    TR1= 1;
    DelayMS(200);
    Puts_to_SerialPort("Receiving From 8051...\r\n");
                                   //向主机发送数据
    Puts_to_SerialPort("- - - - - - - - - - - - - - - - - - - - - - - - - - - - \r\n");
    DelayMS(50);
    while(1)
    {
      Putc_to_SerialPort(c+ 'A');
      DelayMS(100);
      Putc_to_SerialPort('  ');
      DelayMS(100);
      if(c= = 25)                  //每输出一遍后加横线
      {
        Puts_to_SerialPort("\r\n- - - - - - - - - - - - - - - - - - - - - - - - - - \r\n");
        DelayMS(100);
      }
      c= (c+ 1)% 26;
      if(c% 10= = 0)               //每输出 10 个字符后换行
      {
        Puts_to_SerialPort("\r\n");
        DelayMS(100);
      }
    }
}
```

实验任务 4：

实现单片机与 PC 通信，单片机可接收 PC 发送的数字字符，按下单片机的 K1 键后，单片机可向 PC 发送字符串。在 Proteus 环境下完成本实验时，需要安装 Virtual Serial Port Driver 和串口调试助手。本例缓冲 100 个数字字符，缓冲满后新数字从前面开始存放（环形缓冲）。实验电路图如图 7-4 所示。

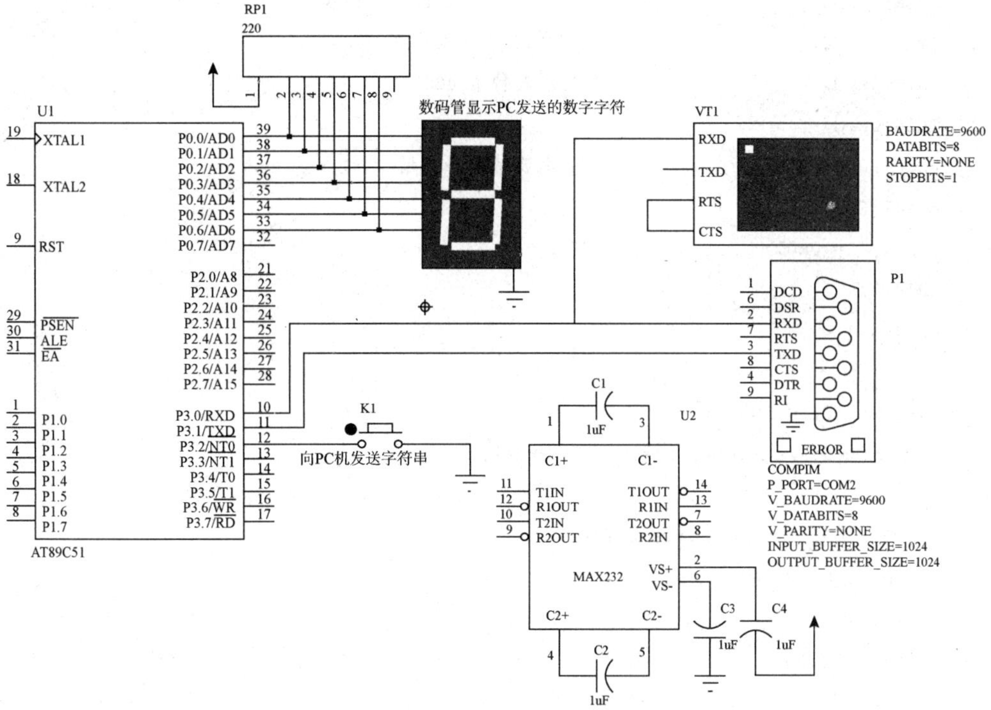

图 7-4　单片机与 PC 通信电路图

C 语言源程序 4：

```
/* 名称:单片机与 PC 通信* /
# include< reg51. h>
# define uchar unsigned char
# define uint unsigned int
uchar Receive_Buffer[101];              //接收缓冲
uchar Buf_Index= 0;                     //缓冲空间索引
uchar code DSY_CODE[]= {0x3f,0x06,0x5b,0x4f,0x66,0x6d,0x7d,0x07,0x7f,0x6f,0x00};
                                        //数码管编码
void DelayMS(uint ms)                   //延时
{
  uchar i;
  while(ms- - ) for(i= 0;i< 120;i+ + );
}
void main()                             //主程序
{
  uchar i;
  P0= 0x00;
  Receive_Buffer[0]= - 1;
```

```
  SCON= 0x50;                      //串口模式 1,允许接收
  TMOD= 0x20;                      //T1 工作模式 2
  TH1= 0xfd;                       //波特率 9600
  TL1= 0xfd;
  PCON= 0x00;                      //波特率不倍增
  EA= 1;EX0= 1;IT0= 1;
  ES= 1;IP= 0x01;
  TR1= 1;
  while(1)
  {
    for(i= 0;i< 100;i+ + )
    { if(Receive_Buffer[i]= = - 1) break;
                                   //收到- 1 为一次显示结束
      P0= DSY_CODE[Receive_Buffer[i]];
      DelayMS(200);
    }
    DelayMS(200);
  }
}
void Serial_INT() interrupt 4      //串口接收中断函数
{
  uchar c;
  if(RI= = 0) return;
  ES= 0;                           //关闭串口中断
  RI= 0;                           //清接收中断标志
  c= SBUF;
  if(c> = '0'&&c< = '9')
  { Receive_Buffer[Buf_Index]= c- '0';
                                   //缓存新接收的每个字符,并在其后放- 1 为结束标志
    Receive_Buffer[Buf_Index+ 1]= - 1;
    Buf_Index= (Buf_Index+ 1)% 100;
  }
  ES= 1;
}
void EX_INT0() interrupt 0         //外部中断 0
{
  uchar * s= "这是由 8051 发送的字符串! \r\n";
  uchar i= 0;
  while(s[i]! = '\0')
```

```
    {
      SBUF= s[i];
      while(TI= = 0);
      TI= 0;
      i+ + ;
    }
  }
```

实现甲机通过串口控制乙机 LED，甲机发送控制命令字符，甲单片机负责向外发送控制命令字符“A”、“B”、“C”，或者停止发送，乙机根据所接收到的字符完成 LED1 闪烁、LED2 闪烁、双闪烁、或停止闪烁。

第 8 章　典型芯片应用实例

实验任务 1：

本例通过 74LS138 译码器，仅用 P2 口 3 个引脚来控制 8 只 LED 滚动显示。实验电路图如图 8-1 所示。

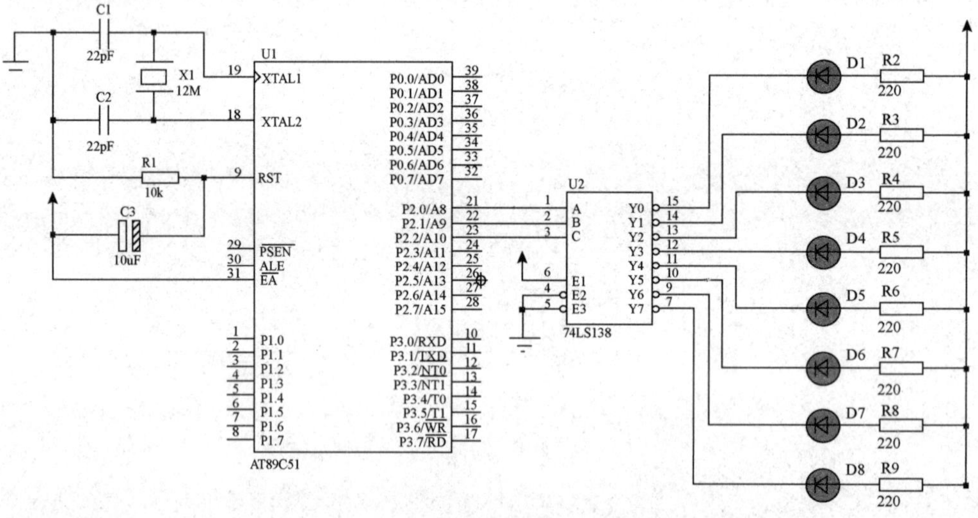

图 8-1　74LS138 译码器应用电路图

C 语言源程序 1：

```
/* 名称:74LS138 译码器应用* /
# include< reg51. h>
# define uchar unsigned char
# define uint unsigned int
void DelayMS(uint ms)                //延时
{
  uchar i;
  while(ms- - ) for(i= 0;i< 40;i+ + );
}
void main()                          //主程序
```

```
{
  P2= 0x00;
  while(1)
  {
    P2= (P2+ 1)% 8;
    DelayMS(500);
  }
}
```

实验任务 2：

74HC154 是 4－16 译码器，本例利用 P2 口输出 4 位二进制数，经译码后使相应的 LED 被点亮，形成滚动显示效果。实验电路图如图 8-2 所示。

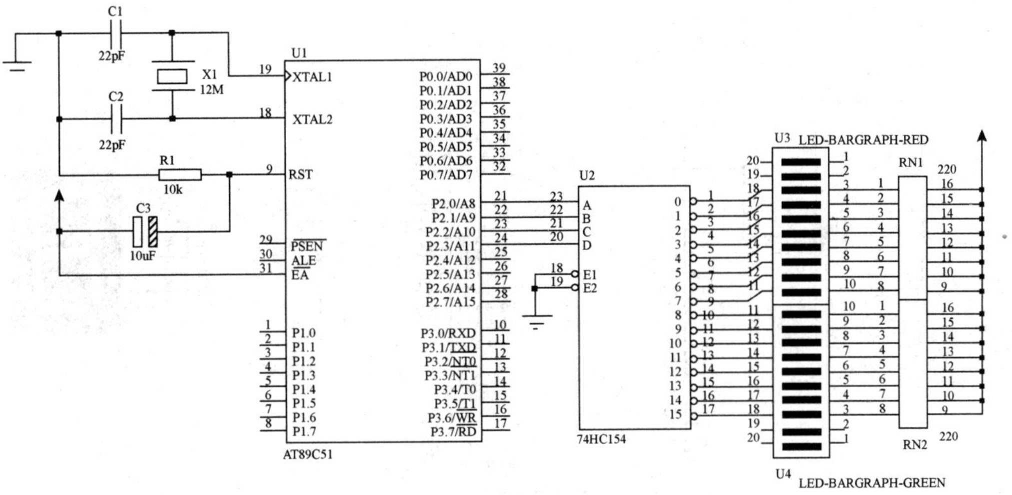

图 8-2　74HC154 译码器应用电路图

C 语言源程序 2：

```
/* 名称:74HC154 译码器应用* /
# include< reg51. h>
# define uchar unsigned char
# define uint unsigned int
void DelayMS(uint ms)                //延时
{
  uchar i;
  while(ms- - ) for(i= 0;i< 40;i+ + );
}
void main()                          //主程序
{
```

```
  while(1)
  {
    P2= (P2+ 1)% 16;                    //P2 口低 4 位在 0~ 15 取值,使 154 译码器输入 4 位为
                                          0000~ 1111
    DelayMS(500);                       //经译码器输出 0~ 15 中对应引脚输出 0,LED 点亮
  }
}
```

实验任务 3:

74HC595 是具有一个 8 位串入并出的移位寄存器和一个 8 位输出寄存器，本例利用 74HC595，通过串行输入数据来控制数码管的显示。实验电路图如图 8-3 所示。

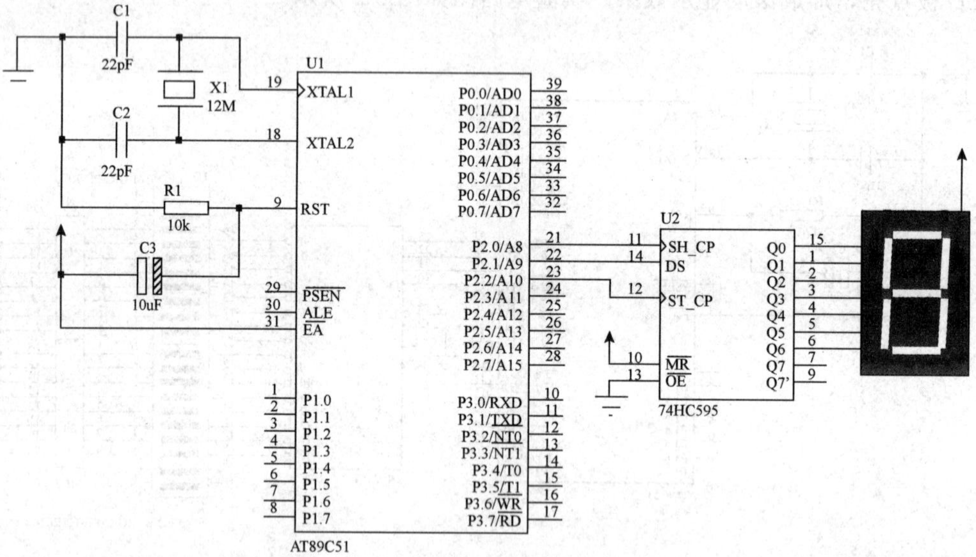

图 8-3　74HC595 串入并出芯片应用电路图

C 语言源程序 3:

```
/* 名称:74HC595 串入并出芯片应用* /
# include< reg51. h>
# include< intrins. h>
# define uchar unsigned char
# define uint unsigned int
sbit SH_CP= P2^0;                    //移位时钟脉冲
sbit DS= P2^1;                       //串行数据输入
sbit ST_CP= P2^2;                    //输出锁存器控制脉冲
uchar temp;
uchar code DSY_CODE[]= {0xc0,0xf9,0xa4,0xb0,0x99,0x92,0x82,0xf8,0x80,0x90};
void DelayMS(uint ms)                //延时
```

```
{
  uchar i;
  while(ms- - ) for(i= 0;i< 120;i+ + );
}
void In_595()                        //串行输入子程序
{
  uchar i;
  for(i= 0;i< 8;i+ + )
  {
    temp< < = 1;DS= CY;
    SH_CP= 1;                        //移位时钟脉冲上升沿移位
    _nop_();_nop_();
    SH_CP= 0;
  }
}
void Out_595()                       //并行输出子程序
{
  ST_CP= 0;_nop_();
  ST_CP= 1;                          //上升沿将数据送到输出锁存器
  _nop_();
  ST_CP= 0;                          //锁存显示数据
}
void main()                          //主程序
{
  uchar i;
  while(1)
  {
    for(i= 0;i< 10;i+ + )
    {
      temp= DSY_CODE[i];
      In_595();                      //temp中的一字节数据串行输入74HC595
      Out_595();                     //74HC595移位寄存数据传输到存储寄存器并出现在输
                                       出端
      DelayMS(200);
    }
  }
}
```

实验任务4：

本例利用74LS148扩展中断，对于外部的8个控制开关，任意合上一个都将在GS

引脚输出低电平，触发外部中断，优先级最高的输入引脚 7，最低的是引脚 0。中断触发后，中断例程通过读取 A2，A1，A0 的输出，判断是哪一路开关触发中断。实验电路图如图 8-4 所示。

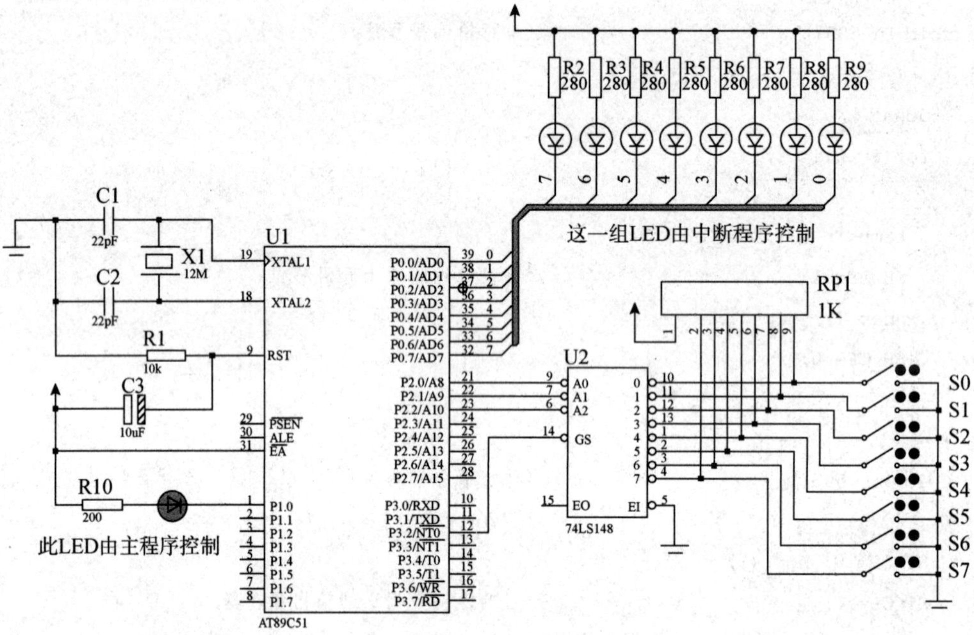

图 8-4　74LS148 扩展中断电路图

C 语言源程序 4：

```
/* 名称:74LS148 扩展中断* /
# include< reg51.h>
# include< intrins.h>
# define uchar unsigned char
# define uint unsigned int
sbit LED= P1^0;
void EX_INT0() interrupt 0            //INT0 中断程序
{
  uchar bi= P2&0x07;                  //中断控制点亮按键对应的 LED
  P0= _cror_(0x7f,bi);
}
void main()                           //主程序
  uint i;
  IE= 0x81;
  IT0= 0;
  while(1)
```

```
  {
    LED= ~ LED;                    //主程序控制 1 个 LED
    for(i= 0;i< 30000;i+ + );      //延时
    if(INT0= = 0) P0= 0xff;        //INT0 为 1(即 GS 为 1),无按键合上,关闭 LED
  }
}
```

实验任务 5:

程序首先向 I²C－24C04 写入一段音符，然后读取并播放。实验电路图如图 8-5 所示。

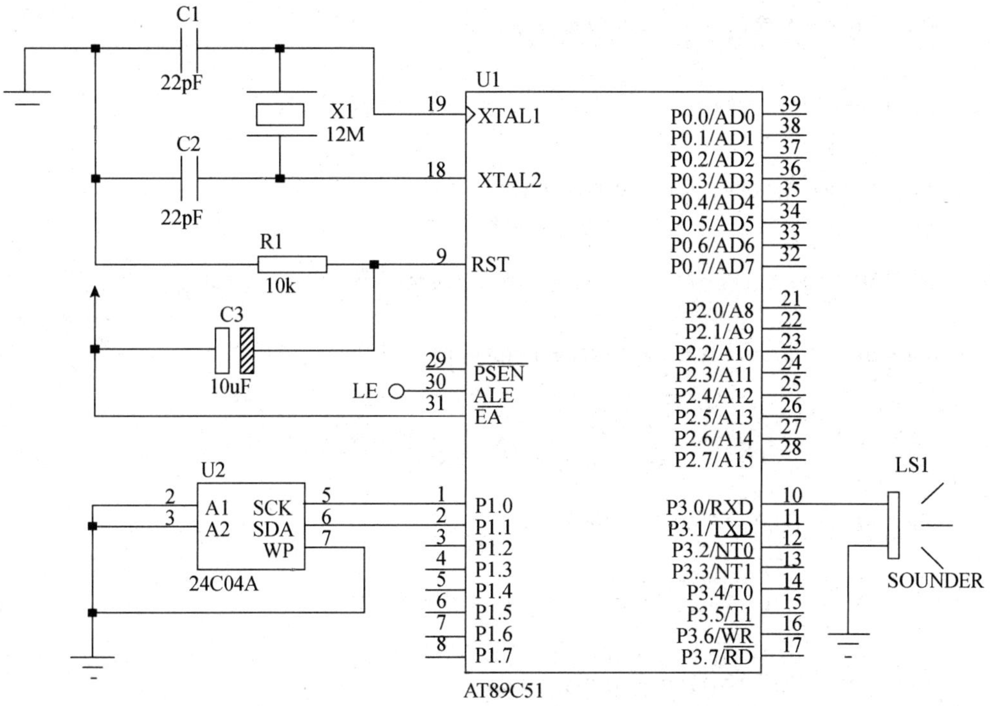

图 8-5　I²C－24C04 与蜂鸣器应用电路图

C 语言源程序 5:

```
/* 名称:I²C- 24C04 与蜂鸣器* /
# include< reg51. h>
# include< intrins. h>
# define uchar unsigned char
# define uint unsigned int
# define NOP4() {_nop_();_nop_();_nop_();_nop_();}
sbit SCL= P1^0;
sbit SDA= P1^1;
sbit SPK= P3^0;
```

```
uchar code HI_LIST[]= {0,226,229,232,233,236,238,240,241,242,244,245,246,247,248};
                                            //标准音符频率对应的延时表
uchar code LO_LIST[]= {0,4,13,10,20,3,8,6,2,23,5,26,1,4,3};
uchar code Song_24C04[]= {1,2,3,1,1,2,3,1,3,4,5,3,4,5};
                                            //待写入 24C04 的音符
uchar sidx;                                 //读取音符索引
void DelayMS(uint ms)                       //延时
{
  uchar i;
  while(ms- - ) for(i= 0;i< 120;i+ + );
}
void Start()                                //IIC 开始
{
  SDA= 1;SCL= 1;NOP4();SDA= 0;NOP4();SCL= 0;
}
void Stop()                                 //IIC 停止
{
  SDA= 0;SCL= 0;NOP4();SCL= 1;NOP4();SDA= 1;
}
void RACK()                                 //读取应答
{
  SDA= 1;NOP4();SCL= 1;NOP4();SCL= 0;
}
void NO_ACK()                               //发送非应答信号
{
  SDA= 1;SCL= 1;NOP4();SCL= 0;SDA= 0;
}
void Write_A_Byte(uchar b)                  //向 24C04 中写一个字节数据
{
  uchar i;
  for(i= 0;i< 8;i+ + )
  {
    b< < = 1;SDA= CY;_nop_();SCL= 1;NOP4();SCL= 0;
  }
  RACK();
}
void Write_IIC(uchar addr,uchar dat)        //向指定地址写数据
{
  Start();
```

```
    Write_A_Byte(0xa0);Write_A_Byte(addr);Write_A_Byte(dat);
    Stop();
    DelayMS(10);
}
uchar Read_A_Byte()                          //从 24C04 中读一个字节数据
{
    uchar i,b;
    for(i= 0;i< 8;i+ + )
    {
      SCL= 1;b< < = 1;b|= SDA;SCL= 0;
    }
    return b;
}
uchar Read_Current()                         //从当前地址读取数据
{
    uchar d;
    Start();
    Write_A_Byte(0xa1);d= Read_A_Byte();NO_ACK();
    Stop();
    return d;
}
uchar Random_Read(uchar addr )               //从任意地址读取数据
{
    Start();
    Write_A_Byte(0xa0);Write_A_Byte(addr);
    Stop();
    return Read_Current();
}
void T0_INT() interrupt 1                    //定时器 0 中断
{
    SPK= ~ SPK;
    TH0= HI_LIST[sidx];
    TL0= LO_LIST[sidx];
}
void main()                                  //主程序
{
    uint i;
    IE= 0x82;
    TMOD= 0x00;
```

```
    for(i= 0;i< 14;i+ + )                              //向 24C04 写入音符表
    {
      Write_IIC(i,Song_24C04[i]);
    }
    while(1)                                           //反复读取音符并播放
    {
      for(i= 0;i< 15;i+ + )                            //从 24C04 中读取音符
      {
        sidx= Random_Read(i);                          //从指定地址读取
        TR0= 1;                                        //播放
        DelayMS(300);
      }
    }
}
```

实验任务 6：

每次运行时，程序将 24C04 芯片内的计数字节值递增并显示在数码管上，反复运行，实现计数。实验电路图如图 8-6 所示。

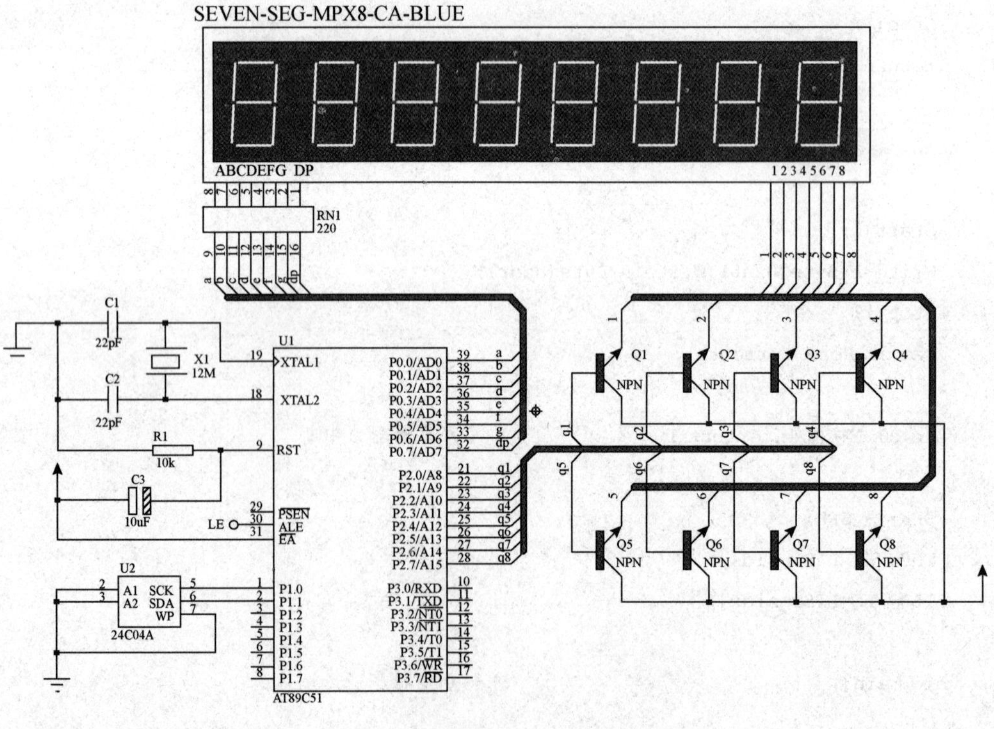

图 8-6　24C04 与数码管应用电路图

C语言源程序6:

```
/* 名称:24C04与数码管* /
# include< reg51. h>
# include< intrins. h>
# define uchar unsigned char
# define uint unsigned int
# define Delay4us() {_nop_();_nop_();_nop_();_nop_();}
sbit SCL= P1^0;
sbit SDA= P1^1;
uchar code DSY_CODE[]= {0xc0,0xf9,0xa4,0xb0,0x99,0x92,0x82,0xf8,0x80,0x90,0xff};
                                                 //数码管段码
uchar DISP_Buffer[]= {0,0,0};                    //三位数显示缓冲
uchar Count= 0;
void DelayMS(uint ms)                            //延时
{
  uchar i;
  while(ms- - ) for(i= 0;i< 120;i+ + );
}
void Start()                                     //IIC启动
{
  SDA= 1;SCL= 1;Delay4us();SDA= 0;Delay4us();SCL= 0;
}
void Stop()                                      //IIC停止
{
  SDA= 0;SCL= 0;Delay4us();SCL= 1;Delay4us();SDA= 1;
}
void RACK()                                      //读取应答
{
  SDA= 1;Delay4us();SCL= 1;Delay4us();SCL= 0;
}
void NO_ACK()                                    //发送非应答信号
{
  SDA= 1;SCL= 1;Delay4us();SCL= 0;SDA= 0;
}
void Write_A_Byte(uchar byte)                    //向24C04中写一个字节数据
{
  uchar i;
  for(i= 0;i< 8;i+ + )
  {
```

```
    byte< < = 1;SDA= CY;_nop_();SCL= 1;Delay4us();SCL= 0;
  }
  RACK();
}
void Write_Random_Adress_Byte(uchar addr,uchar dat)
                                                //向指定地址写数据
{
  Start();
  Write_A_Byte(0xa0);Write_A_Byte(addr);Write_A_Byte(dat);
  Stop();
  DelayMS(10);
}
uchar Read_A_Byte()                             //从 24C04 中读一个字节数据
{
  uchar i,b;
  for(i= 0;i< 8;i+ + )
  {
    SCL= 1;b< < = 1;b|= SDA;SCL= 0;
  }
  return b;
}
uchar Read_Current_Address_Data()               //从当前地址读取数据
{
  uchar dat;
  Start();
  Write_A_Byte(0xa1);dat= Read_A_Byte();NO_ACK();
  Stop();
  return dat;
}
uchar Random_Read(uchar addr)                   //从任意地址读取数据
{
  Start();
  Write_A_Byte(0xa0);Write_A_Byte(addr);
  Stop();
  return Read_Current_Address_Data();
}
void Convert_And_Display()                      //数据转换与显示
{
  DISP_Buffer[2]= Count/100;
```

```
    DISP_Buffer[1]= Count% 100/10;
    DISP_Buffer[0]= Count% 100% 10;
    if(DISP_Buffer[2]= = 0)                   //高位为 0 不显示
    {
      DISP_Buffer[2]= 10;
      if(DISP_Buffer[1]= = 0)                 //高位为 0,次高位为 0 也不显示
        DISP_Buffer[1]= 10;
    }
    P0= 0xff;
    P2= 0x80;                                 //个位
    P0= DSY_CODE[DISP_Buffer[0]];
    DelayMS(2);
    P0= 0xff;
    P2= 0x40;                                 //十位
    P0= DSY_CODE[DISP_Buffer[1]];
    DelayMS(2);
    P0= 0xff;
    P2= 0x20;                                 //百位
    P0= DSY_CODE[DISP_Buffer[2]];
    DelayMS(2);
}
void main()                                   //主程序
{
    Count= Random_Read(0x00)+ 1;              //从 24C04 的 0x00 地址读取数据并递增
    Write_Random_Adress_Byte(0x00,Count);     //将递增后的计数值写入 24C04
    while(1) Convert_And_Display();           //转换并持续刷新数码管显示
}
```

实验任务 7：

本例先向 6264 中写入整数 1 至 200，然后将其逆向复制到 0x0100 处。实验电路图如图 8-7 所示。

C 语言源程序 7：

```
/* 名称:用 6264 扩展内存* /
# include< reg51.h>
# include< absacc.h>
# define uchar unsigned char
# define uint unsigned int
sbit LED= P1^0;
void main()                                   //主程序
```

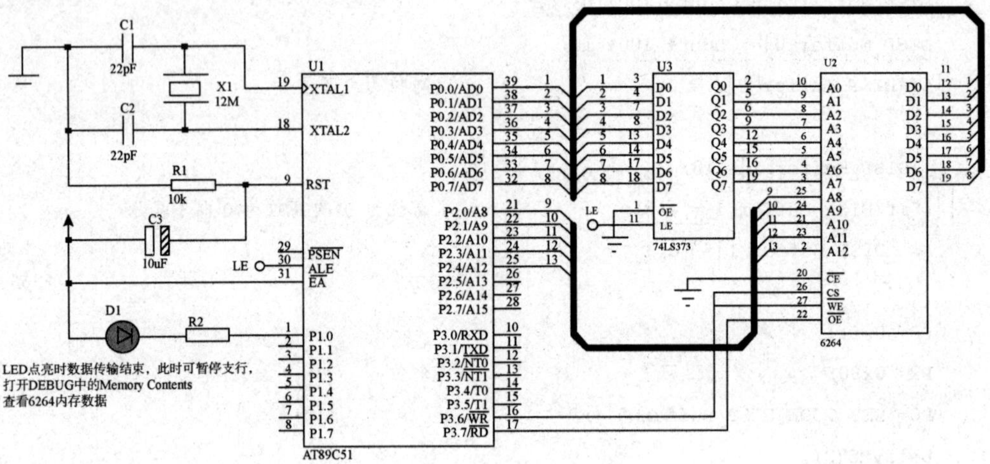

图 8-7　6264 扩展内存电路图

```
{
  uint i;
  LED= 1;
  for(i= 0;i< 200;i+ + )                         //向 6264 的 0x0000 地址开始写入 1～200
  {
    XBYTE[i]= i+ 1;
  }
  for(i= 0;i< 200;i+ + )                         //将 6264 中的 1～200 逆向复制到 0x0100 开
                                                   始处
  {
    XBYTE[i+ 0x0200]= XBYTE[199- i];
  }
  LED= 0;                                        //扩展内存数据处理完后 LED 点亮
  while(1);
}
```

实验任务 8：

使用 555 定时器，利用调节外部电阻 RV1 可改变延时值，从而影响灯点亮延时和发声延时。实验电路图如图 8-8 所示。

C 语言源程序 8：

```
/* 名称:555 定时器实验* /
# include< reg51. h>
# define uchar unsigned char
# define uint unsigned int
sbit Signal= P1^0;
```

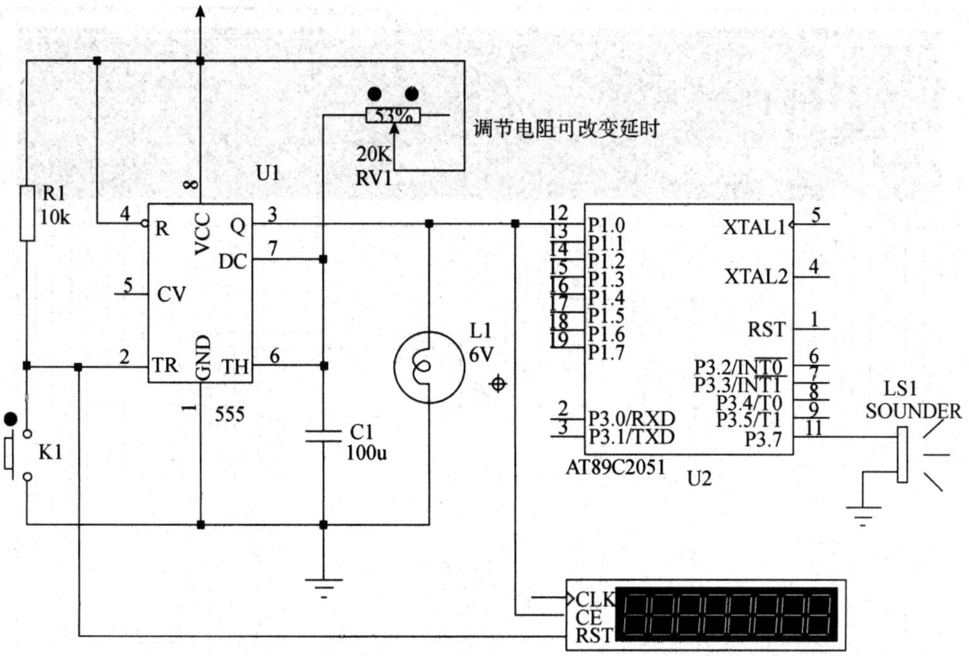

图 8-8　555 定时器电路图

```
sbit BEEP= P3^7;
void DelayMS(uint ms)                              //延时
{
  uchar i;
  while(ms- - ) for(i= 0;i< 120;i+ + );
}
void main()                                        //主程序
{
  while(1)
  {
    if(Signal)
    {
      BEEP= ~ BEEP;
      DelayMS(3);
    }
  }
}
```

实验任务 9：

BCD 码经 4511 译码后输出数码管段码，实现数码管显示（4511 驱动数码管）。实验电路图如图 8-9 所示。

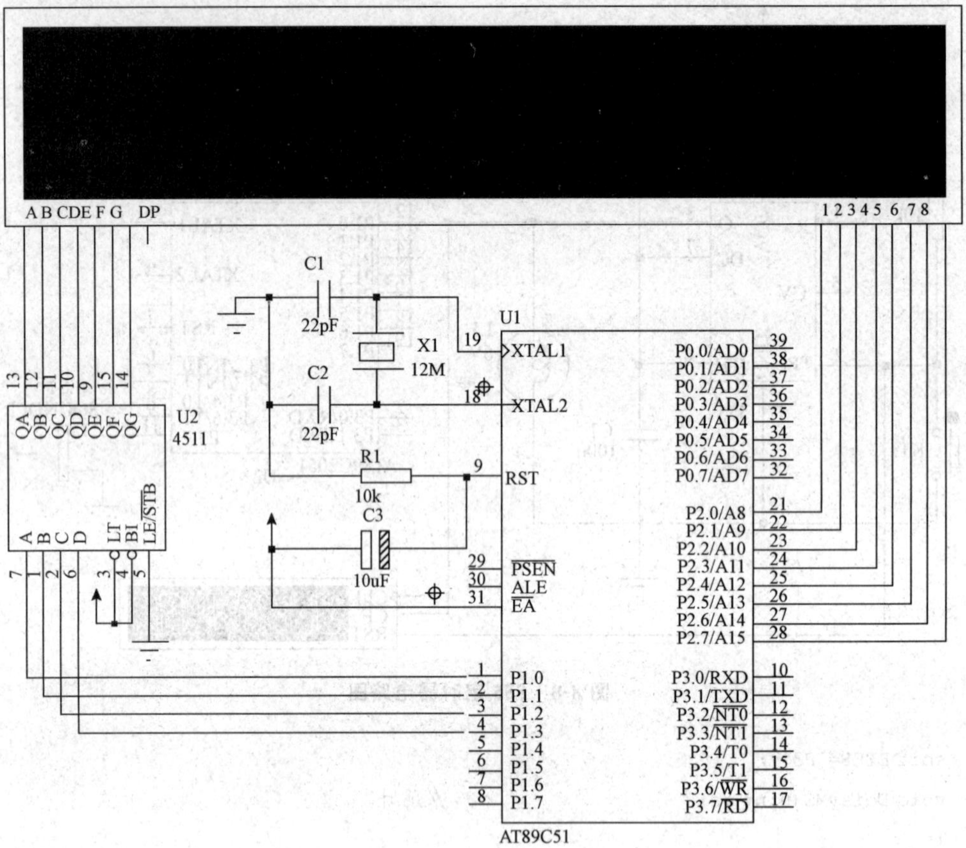

图 8-9　BCD 译码数码管显示数字电路图

C 语言源程序 9：

```
/* 名称:BCD译码数码管显示数字* /
# include< reg51. h>
# define uchar unsigned char
# define uint unsigned int
uchar code DSY_Index[]= {0xfe,0xfd,0xfb,0xf7,0xef,0xdf,0xbf,0x7f};
                                        //数码管位码
uchar code BCD_CODE[]= {2,0,1,0,10,3,10,5};
                                        //待显示数字(10为不显示)
void DelayMS(uint ms)                   //延时
{
  uchar i;
  while(ms- - ) for(i= 0;i< 120;i+ + );
}
void main()                             //主程序
```

```
{
 uchar k;
 while(1)
 {
   for(k= 0;k< 8;k+ + )
   {
     P2= DSY_Index[k];
     P1= BCD_CODE[k];
     DelayMS(1);
   }
  }
}
```

实验任务 10：

本例用 MAX7221 控制 8 只数码管动态显示，这样大大减少了单片机引脚和机器时间的占用。实验电路图如图 8-10 所示。

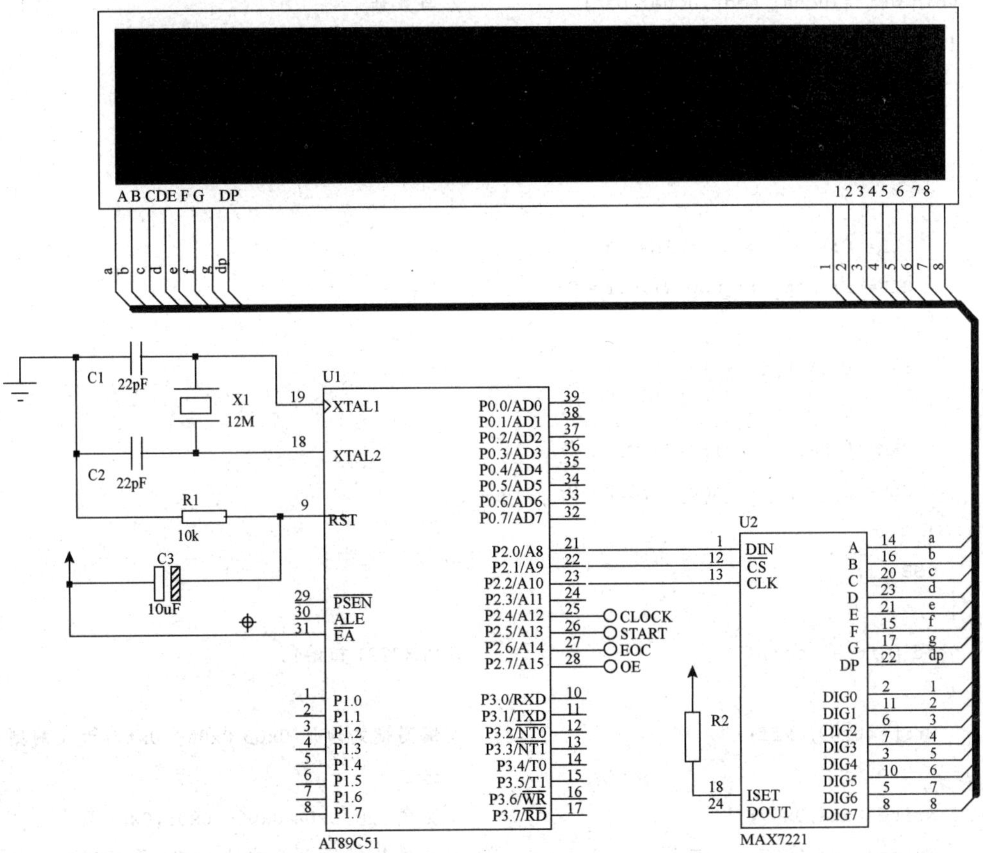

图 8-10 MAX7221 控制数码管动态显示电路图

C 语言源程序 10：

```
/* 名称:MAX7221 控制数码管动态显示* /
# include< reg51. h>
# include< intrins. h>
# define uchar unsigned char
# define uint unsigned int
sbit DIN= P2^0;
sbit CSB= P2^1;
sbit CLK= P2^2;
uchar Disp_Buffer[]= {2,0,1,5,10,5,10,9}; //显示缓冲,10 为"- "
void DelayMS(uint ms)                     //延时
{
  uchar i;
  while(ms- - ) for(i= 0;i< 120;i+ + );
}
void Write(uchar Addr,uchar Dat)          //写数据
{
  uchar i;
  CSB= 0;
  for(i= 0;i< 8;i+ + )
  {
    CLK= 0;Addr< < = 1;DIN= CY;
    CLK= 1;_nop_();_nop_();CLK= 0;
  }
  for(i= 0;i< 8;i+ + )
  {
    CLK= 0;Dat< < = 1;DIN= CY;
    CLK= 1;_nop_();_nop_();CLK= 0;
  }
  CSB= 1;
}
void Initialise()                         //MAX7221 初始化
{
  Write(0x09,0xff);                       //编码模式地址 0x09 0x00~ 0xff,为 1 的则位
                                            选通
  Write(0x0a,0x07);                       //亮度地址 0x0a 0x00~ 0x0f,0x0f 最亮
  Write(0x0b,0x07);                       //扫描数码管个数地址 0x0b,最多扫描 8 只数
                                            码管
  Write(0x0c,0x01);                       //工作模式地址 0x0c 0x00:关闭;0x01:正常
```

```
}
void main()                                    //主程序
{
  uchar i;
  Initialise();                                //初始化
  DelayMS(1);
  for(i= 0;i< 8;i+ + )                         //显示 8个数码管
  {
    Write(i+ 1,Disp_Buffer[i]);
  }
  while(1);
}
```

实验任务 11:

使用数模转换芯片 ADC0808，通过调节可变电阻 RV1 来调节脉冲宽度，运行程序时，通过虚拟示波器观察占空比的变化。实验电路图如图 8-11 所示。

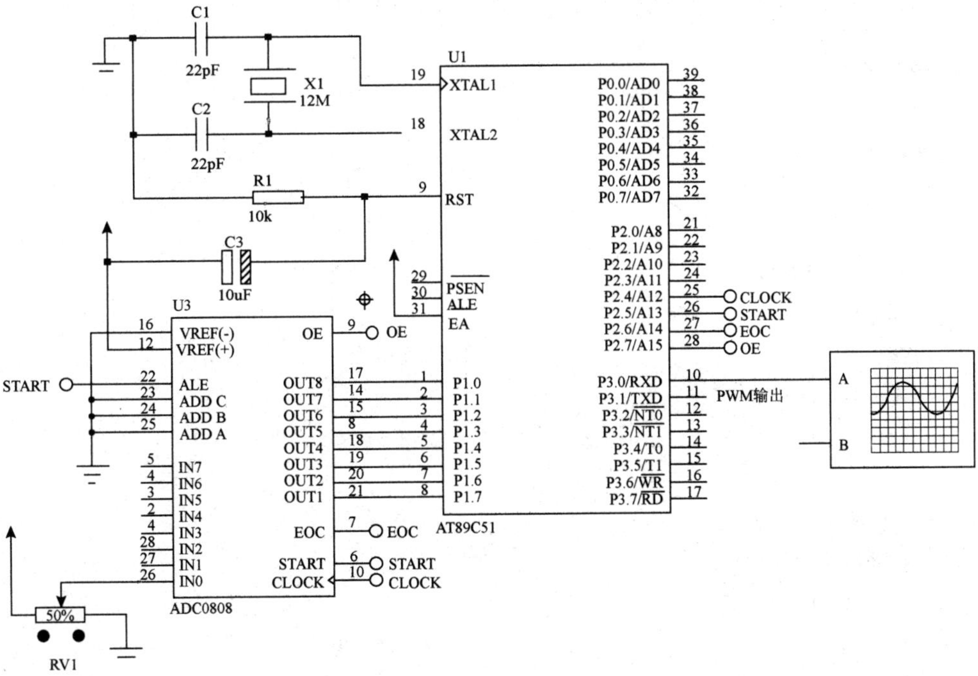

图 8-11 ADC0808 控制 PWM 输出电路图

C 语言源程序 11:

```
/* 名称:用 ADC0808 控制 PWM 输出* /
# include< reg51. h>
# define uchar unsigned char
```

```
# define uint unsigned int
sbit CLK= P2^4;                          //时钟信号
sbit ST= P2^5;                           //启动信号
sbit EOC= P2^6;                          //转换结束信号
sbit OE= P2^7;                           //输出使能
sbit PWM= P3^0;                          //PWM 输出
void DelayMS(uint ms)                    //延时
{
  uchar i;
  while(ms- - ) for(i= 0;i< 40;i+ + );
}
void main()                              //主程序
{
  uchar Val;
  TMOD= 0x02;                            //T1 工作模式 2
  TH0= 0x14;
  TL0= 0x00;
  IE= 0x82;
  TR0= 1;
  while(1)
  {
    ST= 0;ST= 1;ST= 0;                   //启动 A/D 转换
    while(! EOC);                        //等待转换完成
    OE= 1;
    Val= P1;                             //读转换值
    OE= 0;
    if(Val= = 0)                         //PWM 输出(占空比为 0% )
    {
      PWM= 0;
      DelayMS(0xff);
      continue;
    }
    if(Val= = 0xff)                      //PWM 输出(占空比为 100% )
    {
      PWM= 1;
      DelayMS(0xff);
      continue;
    }
    PWM= 1;                              //PWM 输出(占空比为 0% ~ 100% )
```

```
    DelayMS(Val);
    PWM= 0;
    DelayMS(0xff- Val);
  }
}
void Timer0_INT() interrupt 1                //T0 定时器中断给 ADC0808 提供时钟信号
{
  CLK= ~ CLK;
}
```

实验任务 12：

按下 K1 灯点亮，再次按下时灯熄灭，继电器控制照明设备。实验电路图如图 8-12 所示。

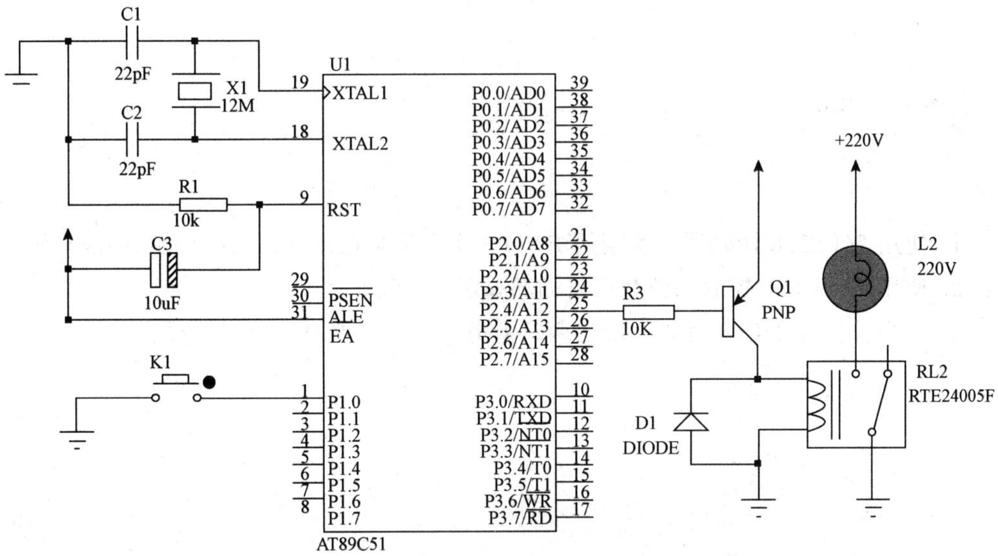

图 8-12　继电器控制照明设备电路图

C 语言源程序 12：

```
/* 名称:继电器控制照明设备* /
# include< reg51. h>
# define uchar unsigned char
# define uint unsigned int
sbit K1= P1^0;
sbit RELAY= P2^4;
void DelayMS(uint ms)                        //延时
{
  uchar t;
```

```
  while(ms- - )for(t= 0;t< 120;t+ + );
}
void main()                                          //主程序
{
  P1= 0xff;
  RELAY= 1;
  while(1)
  {
    if(K1= = 0)
    {
      while(K1= = 0);
      RELAY= ~ RELAY;
      DelayMS(20);
    }
  }
}
```

1. 使用74LS138译码器，实现用P2口3个引脚来控制8只LED亮灭间隔显示。
2. 使用74HC595控制一位数码管循环显示0～F。
3. 程序首先向24C04写入一段“两只老虎”音符，然后读取并播放。

第三部分　实战进阶篇

第 1 章　静态数码管实例

实例引入

数码管是一种半导体发光器件，是由多个发光二极管封装在一起组成“8”字型的器件，其基本单元是发光二极管。数码管是一类显示屏，通过对其不同的管脚输入相对的电流，会使其发亮，从而显示出数字、时间、日期、温度等所有可用数字表示的参数。由于它的价格便宜、使用简单，在电器特别是家电领域应用极为广泛，例如空调、热水器、冰箱等等。绝大多数热水器用的都是数码管，其他家电也用液晶屏与荧光屏。静态数码管的实验电路图如图 1-1 所示。

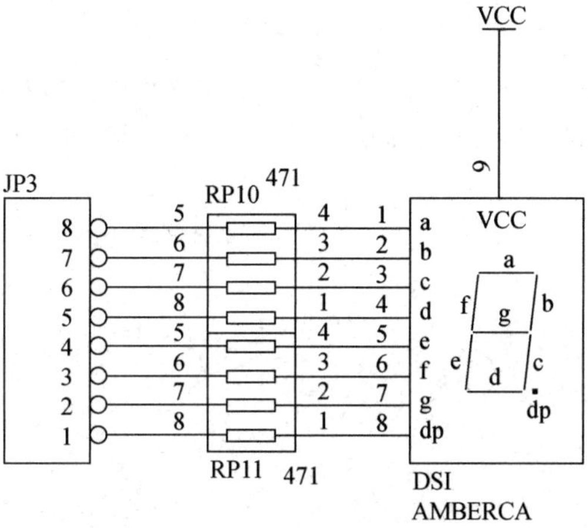

图 1-1　静态数码管实验电路图

实验任务

数码管上静态显示数字 0～F（共阳极），静态数码管仿真机效果呈现如图 1-2 所示。

C 语言源程序：

```
/* 数码管上静态显示数字 0～F* /
# include < reg51. h>
```

图 1-2 静态数码管效果图

```
void delay(unsigned int i);                    //函数声名
unsigned char code LED7Code[]= {~ 0x3F,~ 0x06,~ 0x5B,~ 0x4F,~ 0x66,~ 0x6D,~ 0x7D,~
0x07,~ 0x7F,~ 0x6F,~ 0x77,~ 0x7C,~ 0x39,~ 0x5E,~ 0x79,~ 0x71};
main()
{
  unsigned int LedNumVal ;                     //定义变量
  while(1)
  {
    LedNumVal+ + ;                             //将字模送到 P0 口显示
    P0= LED7Code[LedNumVal% 16]&0x7f;          //LED7 0x7f 为小数点共阴和共阳此处也是不
                                                 一样;
    delay(6000);                               //调用延时程序
  }
}
void delay(unsigned int i)
{
    char j;
    for(i;i> 0;i- - )                          //循环 6000* 200 次
        for(j= 200;j> 0;j- - );
}
```

知识点 ››››

(一) 数码管分类

数码管是一种半导体发光器件，其基本单元是发光二极管，即 8 个 LED 灯做成的数码管，数码管实物图如图 1-3 所示。

图 1-3　数码管实物图

数码管按段数分为七段数码管和八段数码管，八段数码管比七段数码管多一个发光二极管单元（多一个小数点显示）；按能显示多少个“8”可分为 1 位、2 位、4 位等数码管；数码管部分的原理图如图 1-4 所示：

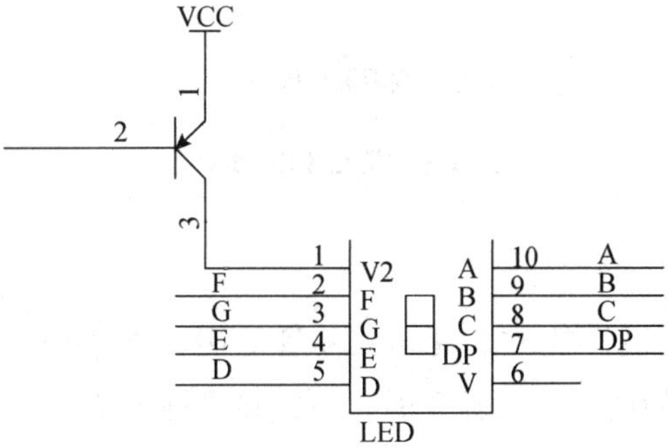

图 1-4　数码管部分原理图

（二）数码管发光原理

不管将几位数码管连在一起，数码管的显示原理都是一样的，都是靠点亮内部的发光二极管来发光。数码管内部电路如图 1-5 所示，从图中可看出，一位数码管的引脚是 10 个，显示一个 8 字需要 7 个小段，另外还有一个小数点，所以其内部一共有 8 个小的发光二极管，最后还有一个公共端，生产商为了封装统一，单位数码管都封装 10 个引脚，其中第 3 和第 8 引脚是连接在一起的。而它们的公共端又可分为共阳极和共阴极，中间图为共阴极内部原理图，右图为共阳极内部原理图。

（三）共阳极数码管和共阴极数码管

1. 数码管连接方式

数码管按发光二极管单元连接方式分为共阳极数码管和共阴极数码管。

如果八段 LED 电压高的一端为公共端，称之为共阳极数码管（如上图 1-5 中）；如果八段 LED 电压低的一段为公共端，则称之为共阴极数码管（上图 1-5 右）。所以，要点亮共阳极数码管，则要在公共端给予高于非公共端的电平；反之点亮共阴极数码管，则要在非公共端给予较高电平。

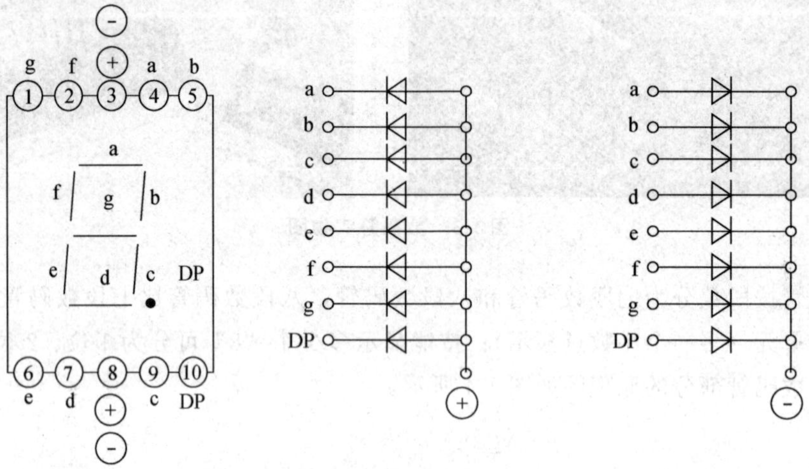

引脚排列　　共阳极结构　　共阻极结构

图 1-5　常见 LED 数码管

2. 共阴极数码

对共阴极数码管来说，其 8 个发光二极管的阴极在数码管内部全部连接在一起，所以称“共阴”，而它们的阳极是独立的，通常在设计电路时一般把阴极接地。当给数码管的任意一个阳极加一个高电平时，对应的这个发光二极管就点亮了。如果想要显示出一个 8 字，并且把右下角的小数点也点亮的话，可以给 8 个阳极全部送高电平，如果想让它显示出一个 0 字，那么除了给第“g，dp”这两位送低电平外，其余引脚全部都送高电平，这样它就显示出 0 字了。想让它显示几，就给相对应的发光二极管送高电平，因此在显示数字的时候首先做的就是给 0～9 十个数字编码，在要它亮什么数字的时候直接把这个编码送到它的阳极就行了。

3. 共阳极数码管

共阳极数码管其内部 8 个发光二极管的所有阳极全部连接在一起，电路连接时，公共端接高电平，因此要点亮的那个发光管二极管就需要给阴极送低电平，此时显示数字的编码与共阳极编码是相反的关系，数码管内部发光二极管点亮时，也需要 5mA 以上的电流，而且电流不可过大，否则会烧毁发光二极管。由于单片机的 I/O 口送不出如此大的电流，所以数码管与单片机连接时需要加驱动电路，可以用上拉电阻的方法或使用专门的数码管驱动芯片，本实验板上使用的是 74HC573 锁存器，其输出电流较大，电路接口简单，可借鉴使用。

一般共阳极数码管更为常用，因为数码管的非公共端往往接在 IC 芯片的 IO 上，而IC芯片的驱动能力往往是比较小的，如果采用共阴极数码管，它的驱动端在非公共端，就有可能受限于IC芯片输出电流不够而显示昏暗（比如51单片机），要外加上拉电阻或者是三极管加大驱动能力。所以使用共阳数码管的好处是：将驱动数码管的工作交到公共端（一般接驱动电源），加大驱动电源的功率自然要比加大IC芯片IO口的驱动电流简单许多。另一方面，这样也能减轻MCU的负担。

（四）段选和位选

当多位一体时，它们内部的公共端是独立的，而负责显示什么数字的段线全部是连接在一起的，独立的公共端可以控制多位一体中的哪一位数码管点亮，而连接在一起的段线可以控制这个能点亮数码管亮什么数字，通常把公共端叫做“位选线”，连接在一起的段线叫做“段选线”，有了这两个线后，通过单片机及外部驱动电路就可以控制任意的数码管显示任意的数字了。

一般单位数码管有10个引脚，二位数码管也是10个引脚，四位数码管是12个引脚，关于具体的引脚及段、位标号大家可以查询相关资料，最简单的办法就是用数字万用表测量，若没有数字万用表也可用5V直流电源串接1k电阻后测量，将测量结果记录，通过统计便可绘制出引脚标号。

（五）数码管字型码

1. 数码管引脚图

共阴极和共阳极都有相应的字型码，字型码是根据数码管的a、b、c、d、e、f、g、h引脚来进行操作的。一位数码管引脚图如图1-6所示：

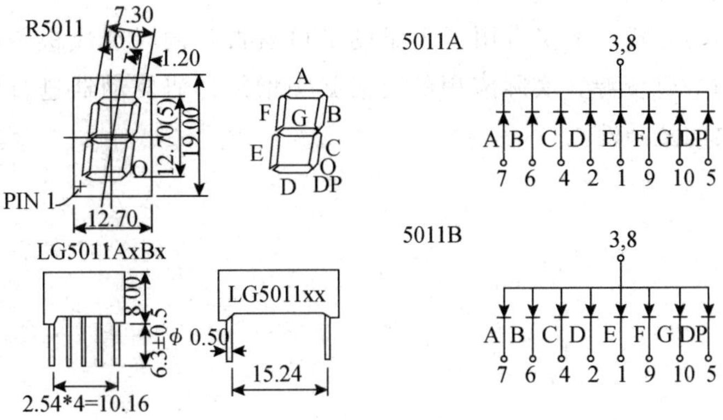

图1-6　数码管引脚图

2. 数码管字型码表

共阴极的字型码引脚是需要高电平点亮的，共阴极的字型码引脚是需要低电平点亮的，其中共阴极和共阳极数码管的字型码是相对的，其字型码表如表1-1所示。

表 1-1 共阴极字型码表

显示字型	共阳极字段码	共阴极字段码	显示字型	共阳极字段码	共阴极字段码
0	C0H	3FH	9	90H	6FH
1	F9H	06H	A	88H	77H
2	A4H	5BH	B	83H	7CH
3	B0H	4FH	C	C6H	39H
4	99H	66H	D	A1H	5EH
5	92H	6DH	E	86H	79H
6	82H	7DH	F	8EH	71H
7	F8H	07H	G	FFH	00H
8	80H	7FH			

(六) 数码管驱动方式

用驱动电路来驱动数码管的各个段码，从而显示出我们要的数字，因此根据数码管的驱动方式的不同，可以分为静态式和动态式两类，本章仅介绍静态驱动方式。

当多位数码管应用于某一系统时，它们的“位选”是可独立控制的，而“段选”是连接在一起的，可以通过位选信号控制哪几个数码管亮，而在同一时刻，位选选通的所有数码管上显示的数字始终都是一样的，因为它们的段选是连接在一起的，所以送入所有数码管的段选信号都是相同的，那么它们显示的数字必定一样，数码管的这种显示方法叫做静态显示。

使用静态驱动方式，不仅占用了大量的I/O资源，同时造成板子的功耗高。为了减少占用过多的I/O资源，实际应用的时候必须增加译码驱动器进行驱动，与此同时增加了硬件电路的复杂性。

第 2 章　74HC573 驱动动态数码管实例

实例引入

74HC573 是 8 位数据锁存器，数据锁存的意思是指：当输入的数据消失时，在芯片的输出端，数据仍然保持。74HC573 主要用于数码管、按键等的控制，使用 74HC573 驱动动态数码管的实验电路图如图 2-1 所示。

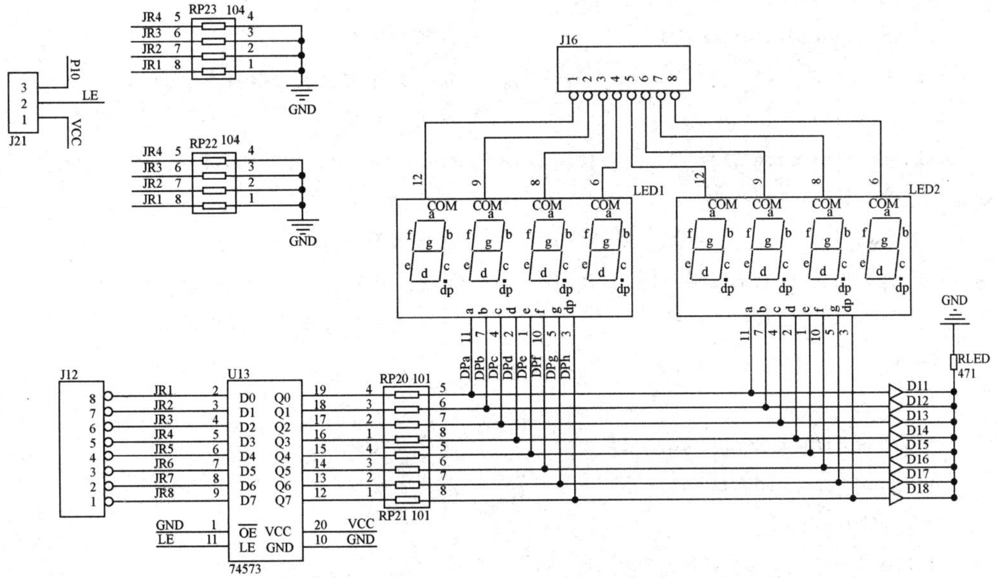

图 2-1　74HC573 驱动数码管电路图

实验任务

1. 熟悉 74HC573 的 LE 输出使能控制；
2. 使用 573 锁存器控制和单片机脚直接位选控制（非译码器控制）数码管；
3. 在仿真机上调试运行，仿真效果图如图 2-2 所示。

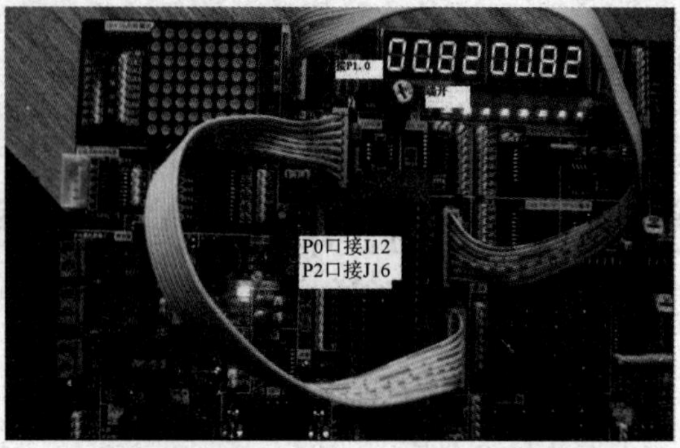

图 2-2　74HC573 驱动数码管仿真效果图

C 语言源程序：

```
/* 74HC573 输出使能试验(单片机直接实现位选) * /
# include < reg51. h>
# include < intrins. h>
void delay(unsigned int i);                  //函数声名
sbit LE= P1^0;                               //定义输出使能控制脚在 P1.0 上
char DelayCNT;                               //定义变量
unsigned char code Disp_Tab[]= {0x3f,0x06,0x5b,0x4f,0x66,0x6d,0x7d,0x07,0x7f,0x6f,
0x40};
                                             //段码控制
unsigned char code dispbit[8]= {0xfe,0xfd,0xfb,0xf7,0xef,0xdF,0xbF,0x7F};
                                             //位选控制  查表的方法控制
main()
{
  unsigned int i,LedNumVal= 1;               //变量定义
  unsigned int LedOut[10];                   //变量定义
  DelayCNT= 0;
  while(1)
  {
    if(+ + DelayCNT> = 20)                   //控制数字变化速度
    {
      DelayCNT= 0;                           //20个扫描周期清零一次
      + + LedNumVal;                         //每隔 20个扫描周期加一次
    }
    LedOut[0]= Disp_Tab[LedNumVal% 10000/1000];
    LedOut[1]= Disp_Tab[LedNumVal% 1000/100]|0x80;
    LedOut[2]= Disp_Tab[LedNumVal% 100/10];
    LedOut[3]= Disp_Tab[LedNumVal% 10];
```

```
    LedOut[4]= Disp_Tab[LedNumVal% 10000/1000];
                                              //千位
    LedOut[5]= Disp_Tab[LedNumVal% 1000/100]|0x80;
                                              //百位带小数点
    LedOut[6]= Disp_Tab[LedNumVal% 100/10];
                                              //十位
    LedOut[7]= Disp_Tab[LedNumVal% 10];       //个位
    for(i= 0;i< 9;i+ + )
    {
      LE= 0;                                  //输出使能,锁存器不输出数据
      P0= LedOut[i];
      LE= 1;                                  //输出使能,锁存器将8位数据一口吐出
      P2= dispbit[i];                         //使用查表法进行位选
      delay(150);                             //扫描间隔时间  太长数码管会有闪烁感
      }
      LE= 0;                                  //锁存器不输出数据
    }
}
void delay(unsigned int i)
{
    char j;
    for(i;i> 0;i- - )
        for(j= 200;j> 0;j- - );
}
```

知识点

(一) 74HC573 介绍

74HC573/74HCT573 是高速硅门 CMOS 工艺集成电路，兼容 TTL（LSTTL），符合 JEDEC—7A 标准，它将输入数据分别锁存在不同的锁存器上，三态门输出。锁存器的输入使能端是 LE，输出使能端是 OE。当 LE 端是高电平时，数据进入锁存器；当 LE 端是低电平时，锁存器保留数据。当 OE 端是低电平时，8 个锁存器的数据输出有效；当 OE 端是高电平时，输出端为高阻抗，OE 端输入不会影响锁存器中的数据。其内部框图如图 2-3 所示：

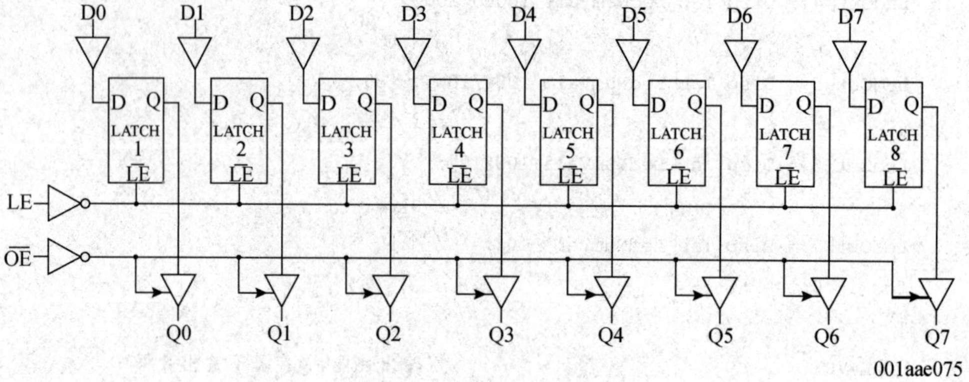

图 2-3　74HC573 内部框图

（二）74HC573 芯片引脚

74HC573 芯片有 20 个引脚，74HC573 引脚图如图 2-4 所示，各引脚功能表如表 2-1 所示：

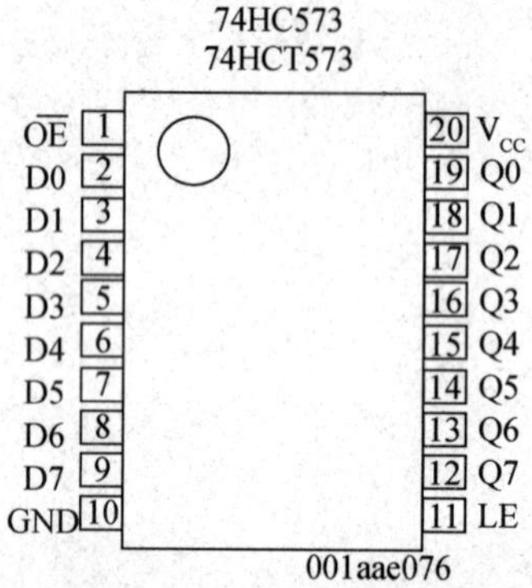

图 2-4　74HC573 引脚图

表 2-1　74HC573 引脚功能表

引脚号	名称	功能
1	OE	输出控制端
2～9	D0～D7	数据输入口
10	GND	接地
11	LE	锁存使能端
12～19	Out0～Out7	数据输出口
20	Vcc	供电电压

几点说明：

1. 当 OE=1 是，无论 Dn、LE 为何，输出端为高阻态；

2. 当 OE=0、LE=1 时，输出端数据等于输入端数据，芯片可以当作不存在，相当于导线；

3. 当 OE=0、LE=0 时，输出端保持不变，处于数据锁存状态；

(三) 相关性能指标

74HC573 真值表如表 2-2 所示，推荐绝对最大额定值如表 2-3 所示，建议操作条件如表 2-4 所示。

表 2-2 真值表

INPUTS 输入		Outputs 输出	
OE	LE	D	Q（HC573）
H	X	X	Z
L	L	X	NO CHANGE *
L	H	L	L
L	H	H	H

表 2-3 ABSOLUTE MAXIMUM RATINGS 绝对最大额定值

Symbol 符号	Parameter 参数	Value 数值	Unit 单位
VCC	Supply Voltage 电源电压	−0.5 to +7	V
VI	DC Input Voltage 直流输入电压	−0.5 to VCC + 0.5	V
VO	DC Output Voltage 直流输出电压	−0.5 to VCC + 0.5	V
IIK	DC Input Diode Current 直流输入二极管电流	± 20	mA
IOK	DC Output Diode Current 直流输出二极管电流	± 20	mA
IO	DC Output Source Sink Current Per Output Pin	± 35	mA
ICC or IGND	DC VCC or Ground Current	± 70	mA
PD	Power Dissipation 功耗	500 (*)	mW
Tstg	Storage Temperature 贮藏温度	−65 to +150	℃
TL	Lead Temperature 焊接温度（10 sec）	300	℃

表 2-4 RECOMMENDED OPERATING CONDITIONS 建议操作条件

Symbol 符号	Parameter 参数	Value 数值	Unit 单位
VCC	Supply Voltage 电源电压	2 to 6	V
VI	Input Voltage 输入电压	0 to VCC	V

（续表）

<table>
<tr><th>Symbol 符号</th><th colspan="2">Parameter 参数</th><th>Value 数值</th><th>Unit 单位</th></tr>
<tr><td>VO</td><td colspan="2">Output Voltage 输出电压</td><td>0 to VCC</td><td>V</td></tr>
<tr><td>Top</td><td colspan="2">Operating Temperature: M54HC Series M74HC Series 操作温度：M54HC 系列 M74HC 系列</td><td>−55 to +125
−40 to +85</td><td>℃</td></tr>
<tr><td rowspan="3">tr，tf</td><td rowspan="3">Input Rise and Fall Time 输入上升和下降时间</td><td>VCC＝2V</td><td>0 to 1000</td><td rowspan="3">ns</td></tr>
<tr><td>VCC ＝4.5V</td><td>0 to 500</td></tr>
<tr><td>VCC＝6V</td><td>0 to 400</td></tr>
</table>

（四）如何用万用表检验数码管的引脚排列

对数字万用表来说，红色表笔连接表内部电池正极，黑色表笔连接表内部电池负极，当把数字万用表置于二极管档时，其两表笔间开路电压约为 1.5V，把两表笔正确加在发光二极管两端时，可以点亮发光二极管。

如图 2-5 所示，将数字万用表置于二极管档，红表笔接在①脚，然后用用黑表笔去接触其他各引脚，假设只有当接触到⑨脚时，数码管的 a 段发光，而接触其余引脚时则不发光。由此可知，被测数码管为共阴极结构类型，⑨脚是公共阴极，①脚则是数码管的 a 段．接下来再检测各段引脚，仍使用数字万用表二极管档，将黑表笔固定接在⑨脚，用红表笔依次接触②、③、④、⑤、⑥、⑦、⑧、⑩引脚时，数码管的其他段先后分别发光，据此便可绘出该数码管的内部结构和引脚排列图。

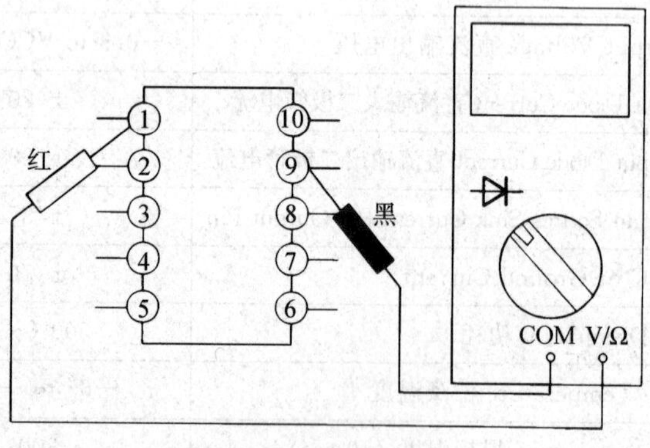

图 2-5　引脚检测图

检测中，若被测数码管为共阳极类型，则需将红、黑表笔对调才能测出上述结果，在判别结构类型时，操作时要灵活掌握，反复试验，直到找出公共端为止。

第3章 液晶屏LCD（1602）实例

实例引入

1602液晶也叫1602字符型液晶，它是一种专门用来显示字母、数字、符号等的点阵型字符型液晶，能够同时显示16x02即32个字符。生活中的仪器仪表（电表、水表、煤气表等）、家电产品等随处可见。实验电路如图3-1所示。

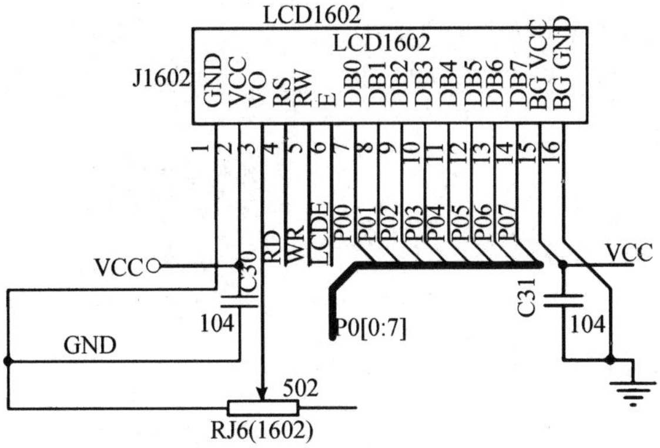

图3-1 局部原理图

实验任务1：

LCD1602滚动显示，显示方式：

1. 从左到右逐字显示，闪动二次，清屏。
2. 再从右到左逐字显示，闪动二次，清屏。
3. 周期性地重复上述显示方式。仿真效果如图3-2所示。

C语言源程序1：

```
# include < reg51. h>                    //51寄存器文件
# include < intrins. h>
typedef unsigned char BYTE;              //用BYTE代替unsigned char
typedef bit BOOL;                        //用BOOL代替bit
sbit LCD_RS= P2^6;                       //复位端
```

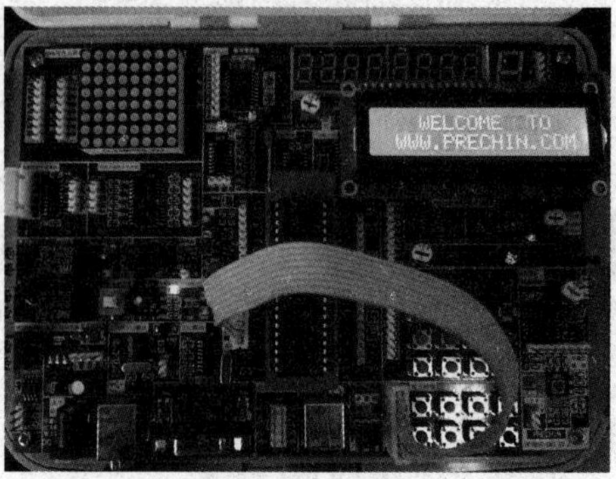

图 3-2 LCD1602 滚动显示仿真效果

```
sbit LCD_RW= P2^5;                          //写数据端
sbit LCD_EP= P2^7;                          //使能端
BYTE code dis1[]= {" WELCOME TO "};
BYTE code dis2[]= {" WWW. JHXY. COM. CN"};
BYTE code dis3[]= {" OT  EMOCLEW "};
BYTE code dis4[]= {"NC. MOC. YXHJ. WWW "};
delay(int ms)
{                                           //延时子程序
int i;
while(ms- - )
{
  for(i= 0;i< 250;i+ + )
  {
    _nop_();                                //空执行
    _nop_();
    _nop_();
    _nop_();
  }
}
}
BOOL lcd_bz()
{
BOOL result;
LCD_RS= 0;
LCD_RW= 1;
LCD_EP= 1;
_nop_();
_nop_();
```

```
_nop_();
_nop_();
result = (BOOL)(P0&0x80);                //检测 P0 最高位是否为 1
LCD_EP= 0;
return result;                           //返回侧忙结果
}
lcd_wcmd(BYTE cmd)
{                                        //写入指令数据到 LCD
while(lcd_bz());
LCD_RS= 0;
LCD_RW= 0;
LCD_EP= 0;
_nop_();
_nop_();
P0= cmd;                                 //将 8 位指令通过 P0 口传给 1602
_nop_();
_nop_();                                 //用于产生一个脉冲宽度
_nop_();
_nop_();
LCD_EP= 1;
_nop_();
_nop_();
_nop_();
_nop_();
LCD_EP= 0;
}
lcd_pos(BYTE pos)
{                                        //设定显示位置
lcd_wcmd(pos | 0x80);
}
lcd_wdat(BYTE dat)
{                                        //写入字符显示数据到 LCD
while(lcd_bz());
LCD_RS= 1;
LCD_RW= 0;
LCD_EP= 0;
P0= dat;                                 //将 8 位数据通过 P0 口传给 1602
_nop_();
_nop_();                                 //用于产生一个脉冲宽度
```

```
_nop_();
_nop_();
LCD_EP= 1;
_nop_();
_nop_();
_nop_();
_nop_();
LCD_EP= 0;
}
lcd_init()
{                                       //LCD初始化设定
lcd_wcmd(0x38);                         //16* 2显示,5* 7点阵,8位数据
delay(1);
lcd_wcmd(0x0c);                         //显示开,关光标
delay(1);
lcd_wcmd(0x06);                         //移动光标
delay(1);
lcd_wcmd(0x01);                         //清除LCD的显示内容
delay(1);
}
main()
{
  BYTE i;
  lcd_init();                           //初始化LCD
  delay(10);
  while(1)
  {
    lcd_wcmd(0x06);                     //向右移动光标
    lcd_pos(0);                         //设置显示位置为第一行的第1个字符
    i= 0;
    while(dis1[i]! = '\0')
    {                                   //显示字符"WLCOME TO"
      lcd_wdat(dis1[i]);
      i+ + ;
      delay(30);                        //控制两字之间显示速度
    }
    lcd_pos(0x40);                      //设置显示位置为第二行第1个字符
    i= 0;
    while(dis2[i]! = '\0')
```

```
    {
      lcd_wdat(dis2[i]);                    //显示字符"WWW.JHXY.COM.CN"
      i++;
      delay(30);                            //控制两字之间显示速度
    }
      delay(800);                           //控制停留时间
      lcd_wcmd(0x01);                       //清除 LCD 的显示内容
      delay(1);
      lcd_wcmd(0x04);                       //向左移动光标
      lcd_pos(15);                          //设置显示位置为第一行的第 16 个字符
      i=0;
      while(dis3[i]!='\0')
      {                                     //显示字符"WLCOME TO"
        lcd_wdat(dis3[i]);
        i++;
        delay(30);                          //控制两字之间显示速度
      }
      lcd_pos(0x4F);                        //设置显示位置为第二行的第 16 个字符
      i=0;
      while(dis4[i]!='\0')
      {
        lcd_wdat(dis4[i]);                  //显示字符"WWW.JHXY.COM.CN"
        i++;
        delay(30);                          //控制两字之间显示速度
      }
      delay(800);                           //控制停留时间
      lcd_wcmd(0x01);                       //清除 LCD 的显示内容
      delay(200);                           //控制两屏转换时间
    }
}
```

实验任务 2：

LCD1602 移动显示，显示方式：

1. LCD 第一行显示：BIG BIG WORLD

LCD 第二行显示：I LOVE JHXY

2. 先将两行字符写入 DDRAM 中，然后从右至左逐字移出显示。

3. 在指定位置停留 1.6 秒后，闪烁 2 次，清屏。

4. 反复循环上述显示方式。LCD1602 移动显示仿真效果如图 3-3 所示。

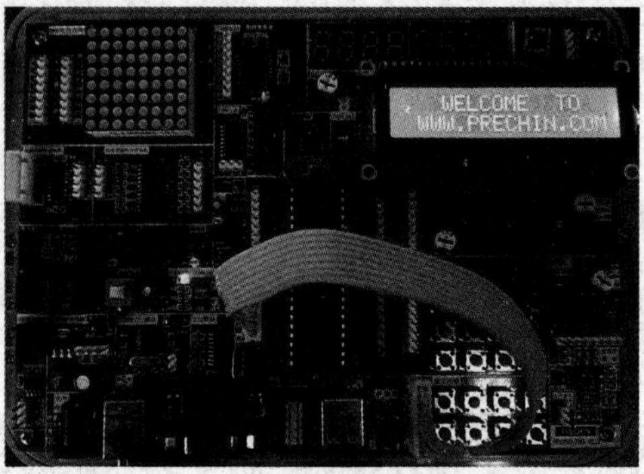

图 3-3 LCD1602 移动显示仿真效果图

C 语言源程序 2：

```
# include < reg51. h>
# include < intrins. h>
# define uchar unsigned char
# define uint unsigned int
sbit LCD_RS= P2^6;
sbit LCD_RW= P2^5;
sbit LCD_EN= P2^7;
uchar code dis1[]= {"BIG BIG WORLD"};
uchar code dis2[]= {"I LOVEJHXY"};
void delay(int ms)                          //延时子程序
{
  int i;
  while(ms- - )
  {
    for(i= 0;i< 250;i+ + )
    {
    _nop_();
    _nop_();
    _nop_();
    _nop_();
    }
  }
}
bit lcd_busy()                              //检查 LCD 忙状态
                                            //lcd_busy 为 1 时为忙,等待。lcd_busy 为 0
                                              时为闲,可写指令与数据
{
```

```
  bit result;
  LCD_RS= 0;
  LCD_RW= 1;
  LCD_EN= 1;
  _nop_();
  _nop_();
  _nop_();
  _nop_();
    result = (bit)(P0&0x80);
  LCD_EN= 0;
  return result;
}
void lcd_wcmd(uchar cmd)                    //写指令数据到 LCD
                                            //RS= L,RW= L,E= 高脉冲,D0- D7= 指令码。
{
  while(lcd_busy());
  LCD_RS= 0;
  LCD_RW= 0;
  LCD_EN= 0;
  _nop_();
  _nop_();
  P0= cmd;
  _nop_();
  _nop_();
  _nop_();
  _nop_();
  LCD_EN= 1;
  _nop_();
  _nop_();
  _nop_();
  _nop_();
  LCD_EN= 0;
}
void lcd_wdat(uchar dat)                    //写显示数据到 LCD
                                            //RS= H,RW= L,E= 高脉冲,D0- D7= 数据。
{
  while(lcd_busy());
  LCD_RS= 1;
  LCD_RW= 0;
```

```
    LCD_EN= 0;
    P0= dat;
    _nop_();
    _nop_();
    _nop_();
    _nop_();
    LCD_EN= 1;
    _nop_();
    _nop_();
    _nop_();
    _nop_();
    LCD_EN= 0;
}
void lcd_pos(uchar pos)                    //设定显示位置
{
    lcd_wcmd(pos|0x80);                    //数据指针= 80+ 地址变量
}
void lcd_init()                            //LCD 初始化设定
{
    delay(15);                             //等待 LCD 电源稳定
    lcd_wcmd(0x38);                        //16* 2 显示,5* 7 点阵,8 位数据
    delay(5);
    lcd_wcmd(0x38);
    delay(5);
    lcd_wcmd(0x38);
    delay(5);
    lcd_wcmd(0x0c);                        //显示开,关光标
    delay(5);
    lcd_wcmd(0x06);                        //移动光标
    delay(5);
    lcd_wcmd(0x01);                        //清除 LCD 的显示内容
    delay(5);
}
void lcd_clr()                             //清屏子程序
{
    lcd_wcmd(0x01);                        //清除 LCD 的显示内容
    delay(5);
}
void flash()                               //闪动子程序
```

```
{
  delay(600);                          //控制停留时间
  lcd_wcmd(0x08);                      //关闭显示
  delay(200);                          //延时
  lcd_wcmd(0x0c);                      //开显示
  delay(200);
  lcd_wcmd(0x08);                      //关闭显示
  delay(200);                          //延时
  lcd_wcmd(0x0c);                      //开显示
  delay(200);
}
main()
{
  uchar i,j;
  delay(10);
  lcd_init();                          //初始化 LCD

  while(1)
  {
    lcd_clr();

    lcd_pos(0x10);                     //设置显示位置为第一行第 17 列
    i= 0;
    while(dis1[i]! = '\0')
    {                                  //显示字符"        "
      lcd_wdat(dis1[i]);
      i+ + ;
    }
    lcd_pos(0x50);                     //设置显示位置为第二行第 17 列
    i= 0;
    while(dis2[i]! = '\0')
    {
      lcd_wdat(dis2[i]);               //显示字符""
      i+ + ;
    }
    for(j= 0;j< 16;j+ + )              //向左移动 16 格
    {
      lcd_wcmd(0x18);                  //字符同时左移一格
      delay(100);                      //控制移动时间
```

```
    }
    flash();                                  //闪动二次
  }
}
```

知识点

(一) 液晶显示

1. 液晶显示原理

液晶显示的原理是利用液晶的物理特性，通过电压对其显示区域进行控制，有电就有显示，这样即可以显示出图形。液晶显示器具有厚度薄、适用于大规模集成电路直接驱动、易于实现全彩色显示的特点，目前已经被广泛应用在便携式电脑、数字摄像机、PDA 移动通信工具等众多领域。

2. 液晶显示器的分类

液晶（Liquid Crystal）是一种高分子材料，因为其特殊的物理、化学、光学特性，20 世纪中叶开始广泛应用在轻薄型显示器上。

液晶显示器（Liquid Crystal Display，LCD）的主要原理是以电流刺激液晶分子产生点、线、面并配合背部灯管构成画面。为叙述简便，通常把各种液晶显示器都直接叫做液晶。

各种型号的液晶通常是按照显示字符的行数或液晶点阵的行、列数来命名的。比如：1602 的意思是每行显示 16 个字符，一共可以显示两行；类似的命名还有 0801，0802，1601 等，这类液晶通常都是字符型液晶，即只能显示 ASCII 码字符，如数字、大小写字母、各种符号等。12232 液晶属于图形型液晶，她的意思是液晶由 122 列、32 行组成，即共有 122×32 个点来显示各种图形，我们可以通过程序控制这 122×32 个点中的任一个点显示或不显示。类似的命名还有 12864，19264，192128，320240 等，根据客户需要，厂家可以设计出任意数组合的点阵液晶。

液晶显示的分类方法有很多种，通常可按其显示方式分为段式、字符式、点阵式等。除了黑白显示外，液晶显示器还有多灰度有彩色显示等。如果根据驱动方式来分，可以分为静态驱动（Static）、单纯矩阵驱动（Simple Matrix）和主动矩阵驱动（Active Matrix）三种。

3. 液晶显示器各种图形的显示原理

(1) 线段的显示

点阵图形式液晶由 M×N 个显示单元组成，假设 LCD 显示屏有 64 行，每行有 128 列，每 8 列对应 1 字节的 8 位，即每行由 16 字节，共 16×8=128 个点组成，屏上 64×16 个显示单元与显示 RAM 区 1024 字节相对应，每一字节的内容和显示屏上相应位置的亮暗对应。例如屏的第一行的亮暗由 RAM 区的 000H——00FH 的 16 字节的内容决定，当（000H）＝FFH 时，则屏幕的左上角显示一条短亮线，长度为 8 个点；当（3FFH）＝FFH 时，则屏幕的右下角显示一条短亮线；当（000H）＝FFH，（001H）＝00H，（002H）＝00H，……（00EH）＝00H，（00FH）＝00H 时，则在屏幕的顶部显示一条由 8 段亮线和 8 条暗线组成的虚线。这就是 LCD 显示的基本原理。

（2）字符的显示

用 LCD 显示一个字符时比较复杂，因为一个字符由 6×8 或 8×8 点阵组成，既要找到和显示屏幕上某几个位置对应的显示 RAM 区的 8 字节，还要使每字节的不同位为“1”，其他的为“0”，为“1”的点亮，为“0”的不亮。这样一来就组成某个字符。但由于内带字符发生器的控制器来说，显示字符就比较简单了，可以让控制器工作在文本方式，根据在 LCD 上开始显示的行列号及每行的列数找出显示 RAM 对应的地址，设立光标，在此送上该字符对应的代码即可。

（3）汉字的显示

汉字的显示一般采用图形的方式，事先从微机中提取要显示的汉字的点阵码（一般用字模提取软件），每个汉字占 32B，分左右两半，各占 16B，左边为 1、3、5……右边为 2、4、6……根据在 LCD 上开始显示的行列号及每行的列数可找出显示 RAM 对应的地址，设立光标，送上要显示的汉字的第一字节，光标位置加 1，送第二个字节，换行按列对齐，送第三个字节……直到 32B 显示完就可以在 LCD 上得到一个完整汉字。

（二）1602 字符型 LCD 简介

字符型液晶显示模块是一种专门用于显示字母、数字、符号等点阵式 LCD，目前常用 16＊1，16＊2，20＊2 和 40＊2 行等的模块。实物如图 3-4 所示：

图 3-4　1602 字符型液晶显示

1. 1602LCD 的基本参数及引脚功能

1602LCD 分为带背光和不带背光两种，其控制器大部分为 HD44780，带背光的比不带背光的厚，是否带背光在应用中并无差别，两者尺寸差别如下图 3-5 所示：

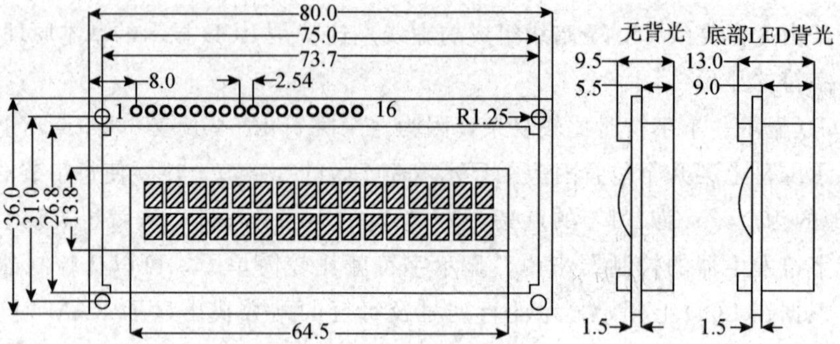

图 3-5　1602LCD 尺寸图

2. 1602LCD 主要技术参数

（1）显示容量：16×2 个字符

（2）芯片工作电压：4.5—5.5V

（3）工作电流：2.0mA（5.0V）

（4）模块最佳工作电压：5.0V

（5）字符尺寸：2.95×4.35（W×H）mm

3. 引脚功能说明

1602LCD 采用标准的 14 脚（无背光）或 16 脚（带背光）接口，各引脚接口说明如表 3-1 所示。

表 3-1　引脚接口说明表

编号	符号	引脚说明	编号	符号	引脚说明
1	VSS	电源地	9	D2	数据
2	VDD	电源正级	10	D3	数据
3	VL	液晶显示偏压	11	D4	数据
4	RS	数据/命令选择	12	D5	数据
5	R/W	读/写选择	13	D6	数据
6	E	使能信号	14	D7	数据
7	D0	数据	15	BLA	背光源正极
8	D1	数据	16	BLK	背光源负极

第 1 脚：VSS 为地电源。

第 2 脚：VDD 接 5V 正电源。

第 3 脚：VL 为液晶显示器对比度调整端，接正电源时对比度最弱，接地时对比度最高，对比度过高时会产生“鬼影”，使用时可以通过一个 10K 的电位器调整对比度。

第 4 脚：RS 为寄存器选择，高电平时选择数据寄存器、低电平时选择指令寄存器。

第 5 脚：R/W 为读写信号线，高电平时进行读操作，低电平时进行写操作。当 RS 和 R/W 共同为低电平时可以写入指令或者显示地址，当 RS 为低电平 R/W 为高电平时可以读忙信号，当 RS 为高电平 R/W 为低电平时可以写入数据。

第 6 脚：E 端为使能端，当 E 端由高电平跳变成低电平时，液晶模块执行命令。

第 7～14 脚：D0～D7 为 8 位双向数据线。

第 15 脚：背光源正极。

第 16 脚：背光源负极。

4. 1602LCD 的 RAM 地址映射及标准字库表

液晶显示模块是一个慢显示器件，所以在执行每条指令之前一定要确认模块的忙标志为低电平，表示不忙，否则此指令失效。要显示字符时要先输入显示字符地址，也就是告诉模块在哪里显示字符，1602 的内部显示地址如图 3-6 所示。

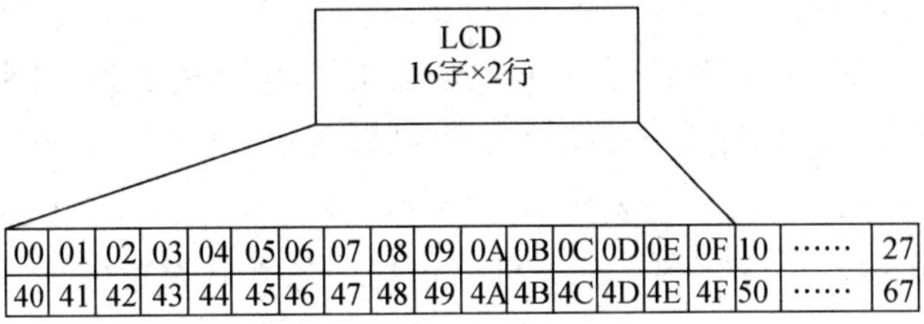

图 3-6 1602LCD 内部显示地址

例如第二行第一个字符的地址是 40H，那么是否直接写入 40H 就可以将光标定位在第二行第一个字符的位置呢？这样不行，因为写入显示地址时要求最高位 D7 恒定为高电平 1 所以实际写入的数据应该是 01000000B（40H）＋10000000B（80H）＝11000000B（C0H）。

在对液晶模块的初始化中要先设置其显示模式，在液晶模块显示字符时光标是自动右移的，无须人工干预。每次输入指令前都要判断液晶模块是否处于忙的状态。

1602 液晶模块内部的字符发生存储器（CGROM）已经存储了 160 个不同的点阵字符图形，这些字符有：阿拉伯数字、英文字母的大小写、常用的符号、和日文假名等，每一个字符都有一个固定的代码，比如大写的英文字母“A”的代码是 01000001B（41H），显示时模块把地址 41H 中的点阵字符图形显示出来，我们就能看到字母“A”。

第 4 章　液晶屏 LCD（12864）实例

实例引入

液晶是一种在一定温度范围内呈现既不同于固态液态又不同于气态的特殊物质态，它既具有各向异性的晶体所特有的双折射性，又具有液体的流动性。液晶显示器件（英文的简写为 LCD）就是利用液晶态物质的液晶分子排列状态在电场中改变而调制外界光的被动型显示器件。

点阵式图形液晶显示屏是 LCD 的一种能够动态显示图形汉字以及各种符号信息为各种电子产品提供了友好的人机界面点阵式图形液晶显示屏的主要特点如下（这些特点也就是 LCD 的特点）：工作电压低、微功耗、体积小、可视面积大、无电磁辐射、数字接口、寿命长等特点。

12864LCD 是一种图形点阵液晶显示器，它主要由行驱动器/列驱动器及 128×64 全点阵液晶显示器组成。可完成图形显示，也可以显示 8×4 个（16×16 点阵）汉字或者显示 16×4 个（8×16 点阵）ASCII 码。分为两种，带字库的和不带字库的。不带字库的 LCD 需要自己提供字库字模，此时可以根据个人喜好设置各种字体显示风格，设计上较为灵活。带字库的 LCD 提供字库字模，但是只能显示 GB2312 的宋体。各有优缺点，根据不同应用场景灵活选择。12864 局部原理电路图如图 4-1 所示。

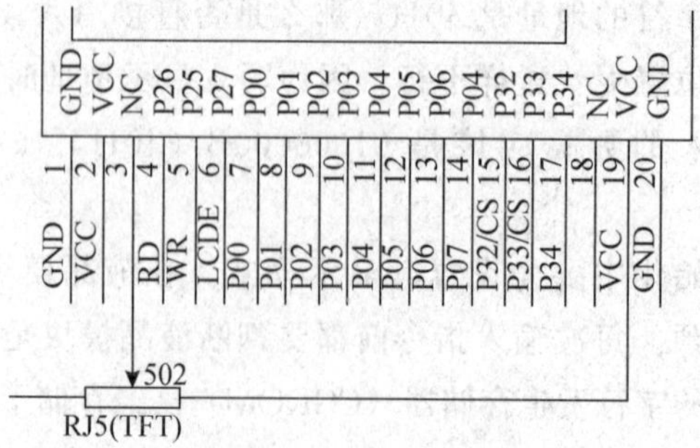

图 4-1　局部原理图

实验任务

1. 理解 12864LCD 硬件原理和管脚功能；

2. 针对 LCD 进行驱动的编写，仿真环境下和实物开发板编程；

3. 12864 标准字库液晶演示，数据 p0，控制 p2。仿真效果图如图 4-2 所示。

图 4-2 12864 液晶仿真效果图

C 语言源程序：

```
/* 描述:12864 标准字库液晶演示,数据口 p0,控制口 p2* /
# include < reg51. h>
# include < intrins. h>
# define uchar unsigned char
# define uint unsigned int
                                                  //12864LCD 引脚定义//
# define LCD_data P0                              //数据口
sbit LCD_RS= P2^6;                                //寄存器选择输入
sbit LCD_RW= P2^5;                                //液晶读/写控制
sbit LCD_EN= P2^7;                                //液晶使能控制
sbit LCD_PSB= P3^2;                               //串/并方式控制
sbit LCD_RST= P3^7;                               //液晶复位端口
# define NOP();{_nop_();_nop_();_nop_();_nop_();};
uchar code DIS1[]= {"     你好     "};
uchar code DIS2[]= {"欢迎进入单片机世界"};
uchar code DIS3[]= {"液晶屏   "};
uchar code DIS4[]= {"实例"};
void delay(int ms)                                //延时函数//
{
  while(ms- - )
  {
    uchar i;
    for(i= 0;i< 150;i+ + )
      {
      _nop_();
```

```
        _nop_();
        _nop_();
        _nop_();
      }
    }
}
bit lcd_busy()                    //检查LCD忙状态,lcd_busy为1时,忙,等待。
                                    lcd-busy为0时,闲,可写指令与数据。
  {
    bit result;
    LCD_RS= 0;
    LCD_RW= 1;
    LCD_EN= 1;
    NOP();
    result = (bit)(P0&0x80);
    LCD_EN= 0;
    return(result);
  }
void lcd_wcmd(uchar cmd)          //写指令数据到LCD,RS= L,RW= L,E= 高脉冲,
                                    D0-D7= 指令码。
{
    while(lcd_busy());
    LCD_RS= 0;
    LCD_RW= 0;
    LCD_EN= 0;
    _nop_();
    _nop_();
    P0= cmd;
    NOP();
    LCD_EN= 1;
    NOP();
    LCD_EN= 0;
}
void lcd_wdat(uchar dat)          //写显示数据到LCD,RS= H,RW= L,E= 高脉冲,
                                    D0-D7= 数据。
{
    while(lcd_busy());
    LCD_RS= 1;
```

```
    LCD_RW= 0;
    LCD_EN= 0;
    P0= dat;
    NOP();
    LCD_EN= 1;
    NOP();
    LCD_EN= 0;
}
void lcd_init()                          //LCD初始化设定
{
    LCD_PSB= 1;                          //并口方式
    lcd_wcmd(0x34);                      //扩充指令操作
    delay(5);
    lcd_wcmd(0x30);                      //基本指令操作
    delay(5);
    lcd_wcmd(0x0C);                      //显示开,关光标
    delay(5);
    lcd_wcmd(0x01);                      //清除 LCD 的显示内容
    delay(5);
}
void lcd_pos(uchar X,uchar Y)            //设定显示位置
{
    uchar pos;
    if (X= = 1)
      {X= 0x80;}
    else if (X= = 2)
      {X= 0x90;}
    else if (X= = 3)
      {X= 0x88;}
    else if (X= = 4)
      {X= 0x98;}
    pos = X+ Y;
    lcd_wcmd(pos);                       //显示地址
}
void clr_screen()                        //清屏函数
{
    lcd_wcmd(0x34);                      //扩充指令操作
    delay(5);
```

```
    lcd_wcmd(0x30);                              //基本指令操作
    delay(5);
    lcd_wcmd(0x01);                              //清屏
    delay(5);
}
void main()                                      //主函数
{
    uchar i;
    delay(100);                                  //上电,等待稳定
    lcd_init();                                  //初始化 LCD
    while(1)
    {
      lcd_pos(1,0);                              //设置显示位置为第一行
      for(i= 0;i< 16;i+ + )
      {
        lcd_wdat(DIS1[i]);
        delay(30);
      }
      lcd_pos(2,0);                              //设置显示位置为第二行
      for(i= 0;i< 16;i+ + )
      {
        lcd_wdat(DIS2[i]);
        delay(30);
      }
      lcd_pos(3,0);                              //设置显示位置为第三行
      for(i= 0;i< 16;i+ + )
      {
        lcd_wdat(DIS3[i]);
        delay(30);
      }
      lcd_pos(4,0);                              //设置显示位置为第四行
      for(i= 0;i< 16;i+ + )
      {
        lcd_wdat(DIS4[i]);
        delay(30);
      }
      clr_screen();                              //清屏函数,为下次刷新准备
    }
}
```

知识点

（一）点阵 12864 LCD 的显示原理

在数字电路中，所有的数据都是以 0 和 1 保存的，对 LCD 控制器进行不同的数据操作，可以得到不同的结果。对于显示英文操作，由于英文字母种类很少，只需要 8 位（一字节）即可。而对于中文，常用却有 6000 以上，于是解决的办法是将 ASCII 表的高 128 个很少用到的数值以两个为一组来表示汉字，即汉字的内码。而剩下的低 128 位则留给英文字符使用，即英文的内码。

得到了汉字的内码后，还仅是一组数字，如何在屏幕上显示数字，这就涉及到文字的字模，字模虽然也是一组数字，但它的意义却与数字的意义有了根本的变化，它是用数字的各位信息来记载英文或汉字的形状，如英文的“A”在字模的记载方式如图 4-3 所示：

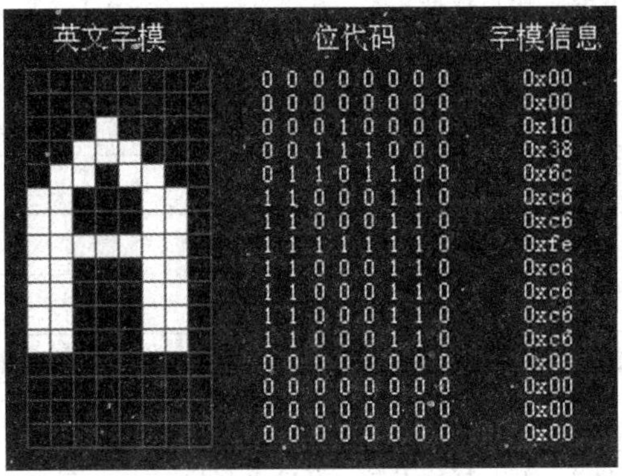

图 4-3　“A”字模图

中文的“你”在字模的记载如图 4-4：

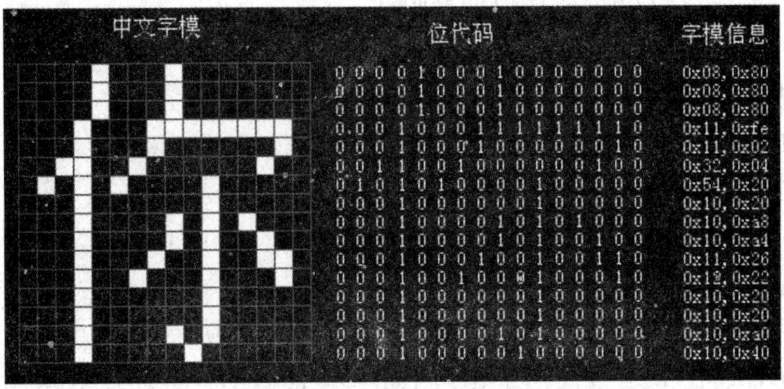

图 4-4　“你”字模图

(二) 12864 点阵型 LCD 简介

1. 引脚说明

编号	符号	引脚说明
1	Vss	电源地
2	VDD	电源正极
3	VO	液晶显示对比度调节器
4	RS	数据/命令选择端（H：数据模式　L：命令模式）
5	R/W	读/写选择端（H：读　L：写）
6	E	使能端
7	D0	数据　0
8	D1	数据　1
9	D2	数据　2
10	D3	数据　3
11	D4	数据　4
12	D5	数据　5
13	D6	数据　6
14	D7	数据　7
15	PSB	发送数据模式（H：并行模式　L：串行模式）
16	NC	空脚
17	RST	复位引脚（低电平复位）
18	NC	空脚
19	LEDA	背光电源正极
20	LEDK	背光电源负极

2. 12864 内部功能器件

需要使用 12864LCD 编程，就要掌握其内部功能器件，具体相关功能介绍如下，

(1) 指令寄存器（IR）

IR 是用于寄存指令码，与数据寄存器数据相对应。当 D/I=0 时，指令码写入 IR。

(2) 数据寄存器（DR）

DR 是用于寄存数据的，与指令寄存器寄存指令相对应。当 D/I=1 时，图形显示数据写入 DR，或在 E 信号高电平作用下由 DR 读到 DB7∽DB0 数据总线。DR 和 DDRAM 之间的数据传输是模块内部自动执行的。

(3) 忙标志：BF

BF 标志提供内部工作情况。BF=1 表示模块在内部操作，此时模块不接受外部指令和数据。BF=0 时，模块为准备状态，随时可接受外部指令和数据。利用 STATUS-READ 指令，可以将 BF 读到 DB7 总线，从检验模块之工作状态。

(4) 显示控制触发器 DFF

此触发器是用于模块屏幕显示开和关的控制。DFF=1 为开显示（DISPLAY-OFF)，DDRAM 的内容就显示在屏幕上，DFF=0 为关显示（DISPLAY OFF)。DDF 的状态是指令 DISPLAY ON/OFF 和 RST 信号控制的。

(5) XY 地址计数器

XY 地址计数器是一个 9 位计数器。高 3 位是 X 地址计数器，低 6 位为 Y 地址计数器，XY 地址计数器实际上是作为 DDRAM 的地址指针，X 地址计数器为 DDRAM 的页指针，Y 地址计数器为 DDRAM 的 Y 地址指针。X 地址计数器是没有记数功能的，只能用指令设置。Y 地址计数器具有循环记数功能，各显示数据写入后，Y 地址自动加 1，Y 地址指针从 0 到 63。

(6) 显示数据 RAM (DDRAM)

DDRAM 是存储图形显示数据的。数据为 1 表示显示选择，数据为 0 表示显示非选择。DDRAM 与地址和显示位置的关系见 DDRAM 地址表。

(7) Z 地址计数器

Z 地址计数器是一个 6 位计数器，此计数器具备循环记数功能，它是用于显示行扫描同步。当一行扫描完成，此地址计数器自动加 1，指向下一行扫描数据，RST 复位后 Z 地址计数器为 0。Z 地址计数器可以用指令 DISPLAY START LINE 预置。因此，显示屏幕的起始行就由此指令控制，即 DDRAM 的数据从哪一行开始显示在屏幕的第一行。此模块的 DDRAM 共 64 行，屏幕可以循环滚动显示 64 行。

3. 12864LCD 指令集

(1) 清除显示

	RS	RW	DB7	DB6	DB5	DB4	DB3	DB2	DB1	DB0
代码	0	0	0	0	0	0	0	0	0	1

功能：将 DDRAM 填满" 20H" （space code)，并且设定 DDRAM 的地址计数器 (AC) 到" 00H"，重设进入点设定将 I/D 设为" 1"，游标右移 AC 加 1

指令：`RS= 1;RW= 1;DB= 01H` //清除显示

(2) 地址归位

	RS	RW	DB7	DB6	DB5	DB4	DB3	DB2	DB1	DB0
代码	0	0	0	0	0	0	0	0	1	X

功能：设定 DDRAM 的地址计数器（AC）到" 00H"，并且将光标移到开头原点

位置；这个指令并不改变 DDRAM 的内容

指令：RS= 0;RW= 0;DB= 3H　　　　　　　　　　//地址归位

(3) 进入点设定

	RS	RW	DB7	DB6	DB5	DB4	DB3	DB2	DB1	DB0
代码	0	0	0	0	0	0	0	1	I/D	S

功能：指定在数据的读取与写入时，设定光标的移动方向及指定显示的移位

I/D：地址计数器递增递减选择

当 I/D=" 1"，光标右移，DDRAM 地址计数器（AC）加 1

当 I/D=" 0"，光标左移，DDRAM 地址计数器（AC）减 1

S：显示画面整体位移

S	I/D	功能
1	1	画面整体左移
1	0	画面整体右移

指令：

```
RS= 0;RW= 0;DB= 06H;                    //光标右移,画面不移动,AC加1
RS= 0;RW= 0;DB= 05H;                    //画面整体右移。
RS= 0;RW= 0;DB= 07H                     //画面整体左移。
```

(4) 显示状态开关

	RS	RW	DB7	DB6	DB5	DB4	DB3	DB2	DB1	DB0
代码	0	0	0	0	0	0	1	D	C	B

功能：控制整体显示，光标，光标位置反白 ON/OFF

D：整体显示 ON/OFF 控制位

当 D=" 1"，整体显示 ON

当 D=" 0"，整体显示 OFF，但不改变 DDRAM 的内容

C：光标 ON/OFF 控制位

当 C=" 1"，光标显示 ON.

当 C=" 0"，光标显示 OFF.

B：光标位置反白 ON/OFF 控制位

当 B=" 1"，光标位置显示反白 ON，将光标所在之地址上的数据反白显示．

当 B=" 0"，光标位置显示反白 OFF

指令：

```
RS= 0;RW= 0;DB= 0CH                     //开显示,无光标,光标不闪烁
```

```
RS= 0;RW= 0;DB= 0EH                      //开显示,有光标,光标不闪烁
RS= 0;RW= 0;DB= 0FH                      //开显示,有光标,光标闪烁
```

（5）光标或显示移位控制

	RS	RW	DB7	DB6	DB5	DB4	DB3	DB2	DB1	DB0
代码	0	0	0	0	0	1	S/C	R/L	X	X

功能：设定光标的移动与显示的移位控制位；这个指令并不改变 DDRAM 的内容

S/C	R/L	功能	AC 值
0	0	光标向左移动	AC=AC−1
0	1	光标向右移动	AC=AC+1
1	0	显示（display）向左移动，且光标跟着移动	AC=AC
1	1	显示（display）向右移动，且光标跟着移动	AC=AC

指令：

```
RS= 0;RW= 0;DB= 10;                      //光标向左移动
RS= 0;RW= 0;DB= 14;                      //光标向右移动
```

（6）功能设定

	RS	RW	DB7	DB6	DB5	DB4	DB3	DB2	DB1	DB0
代码	0	0	0	0	1	DL	X	RE	X	X

DL：4/8BIT 界面控制位

```
当 DL= "1",为 8 BIT MPU 控制界面
当 DL= "0",为 4 BIT MPU 控制界面
```

RE：指令集选择控制位

```
当 RE= "1",为扩充指令集动作
当 RE= "0",为基本指令集动作
```

同一指令之动作不可同时改变 RE 及 DL 需先改变 DL 后在改变 RE 才可确保 FLAG 正确设定

指令：

注意：需分别设置 DL 和 RE

```
RS= 0;RW= 0;DB= 30H                      //设定 8 位控制界面
RS= 0;RW= 0;DB= 00H                      //设定基本指令集
RS= 0;RW= 0;DB= 34H                      //设定扩展指令集
```

（7）设定 CGRAM 地址

	RS	RW	DB7	DB6	DB5	DB4	DB3	DB2	DB1	DB0
代码	0	0	0	1	AC5	AC4	AC3	AC2	AC1	AC0

功能：设定 CGRAM 地址到地址计数器（AC）

AC 范围为 00H～3FH

需确认扩充指令中 SR＝0（卷动地址或 RAM 地址选择）

（8）设定 DDRAM 地址

	RS	RW	DB7	DB6	DB5	DB4	DB3	DB2	DB1	DB0
代码	0	0	1	AC6	AC5	AC4	AC3	AC2	AC1	AC0

功能：设定 DDRAM 地址到地址计数器（AC）

第一行 AC 范围为 80H～87H

第二行 AC 范围为 90H～97H

第三行 AC 范围为 88H～8FH

第四行 AC 范围为 98H～9FH

指令：汉字的起始地址必须是 X0H 和偶数

字符显示时，每一行最多显示 16 个 ASCII 字符或 8 个汉字。（0～FH），设置列数（0～7）

```
RS= 0;RW= 0;DB= 80H                    //设定第一行,第 0 列
RS= 0;RW= 0;DB= 81H                    //设定第一行,第 2 列
RS= 0;RW= 0;DB= 82H                    //设定第一行,第 4 列
…………
RS= 0;RW= 0;DB= 87H                    //设定第一行,第 15 列
RS= 0;RW= 0;DB= 90H                    //设定第二行,第 0 列
RS= 0;RW= 0;DB= 88H                    //设定第三行,第 0 列
RS= 0;RW= 0;DB= 98H                    //设定第四行,第 0 列
```

在指定第一个字符或汉字的位置后，如果不再设置位置，则显示是连续的；如果按照 1，2，3……来设置一次位置送一次显示，则在显示的 ASCII 字符间会留一个空格，但汉字没有空格。每个 RAM 地址（CGRAM，DDRAM，IRAM…..）都可连续写入两个字节的数据（2－Bytes），当写入第二字节时位址计数器（AC）的值就会自动加 1。

（9）读取忙碌旗标（BF）和地址

	RS	RW	DB7	DB6	DB5	DB4	DB3	DB2	DB1	DB0
代码	0	1	BF	AC6	AC5	AC4	AC3	AC2	AC1	AC0

功能：读取忙碌旗标（BF）可以确认内部动作是否完成，同时可以读出地址计数器（AC）的值。

当 BF＝“1”，表示内部忙碌中此时不可下指令，需等 BF＝“0”才可下新指令。

指令：
```
RS= 0;RW= 1;P0= 0XFF;          //数据界面连接 MCU 的 P0 口
while(P0^7= = 0);              //执行后，检查 DB^7 的值
```

（10）写入数据到 RAM

	RS	RW	DB7	DB6	DB5	DB4	DB3	DB2	DB1	DB0
代码	1	0	D7	D6	D5	D4	D3	D2	D1	D0

功能：写入数据到内部的 RAM 当写入后会使（AC）改变

每个 RAM 地址（CGRAM，DDRAM，IRAM…..）都可连续写入两个字节的数据（2－Bytes），当写入第二字节时位址计数器（AC）的值就会自动加 1。

（11）读取 RAM 的值

	RS	RW	DB7	DB6	DB5	DB4	DB3	DB2	DB1	DB0
代码	1	1	D7	D6	D5	D4	D3	D2	D1	D0

功能：从内部的 RAM 读取数据，当读取后会使（AC）改变。当下设定地址指令后（CGRAM，DDRAM，IRAM…..），若要读取数据时需先虚读（Dummy Read）一次才会读取到正确数据。第二次读取时则不需虚读（DUMMY READ），除非又下设定地址指令才需再次虚读（DUMMY READ）。

4. 12864LCD 时序

并行模式时序图如图 4-5 所示，串行模式时序图如图 4-6 所示。

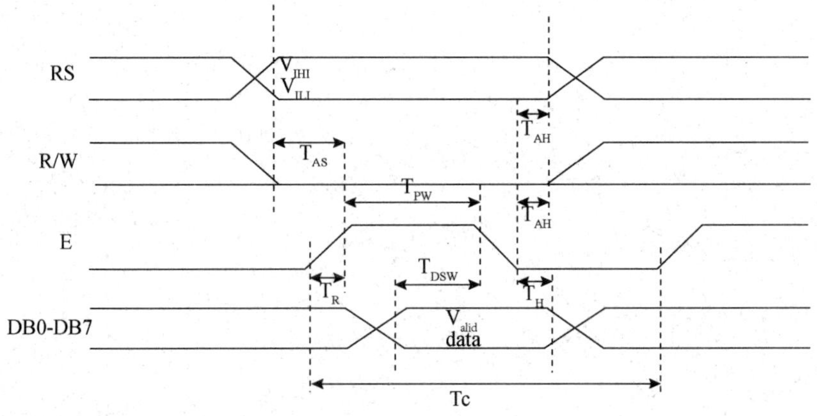

图 4-5　并行模式时序图

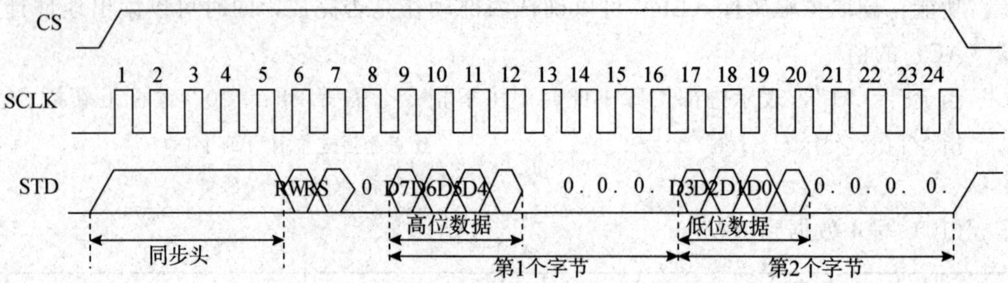
CS
SCLK
1 2 3 4 5 6 7 8 9 10 11 12 13 14 15 16 17 18 19 20 21 22 23 24
STD
RW RS 0 D7 D6 D5 D4
0. 0. 0. D3 D2 D1 D0 0. 0. 0. 0.
同步头
高位数据
低位数据
第1个字节
第2个字节

图 4-6　串行模式时序图

第 5 章　继电器实例

实例引入

继电器是一种电子控制器件，它具有控制系统（又称输入回路）和被控制系统（又称输出回路），通常应用于自动控制电路中，它实际上是用较小的电流去控制较大电流的一种“自动开关”。故在电路中起着自动调节、安全保护、转换电路等作用。继电器原理图如图 5-1 所示。

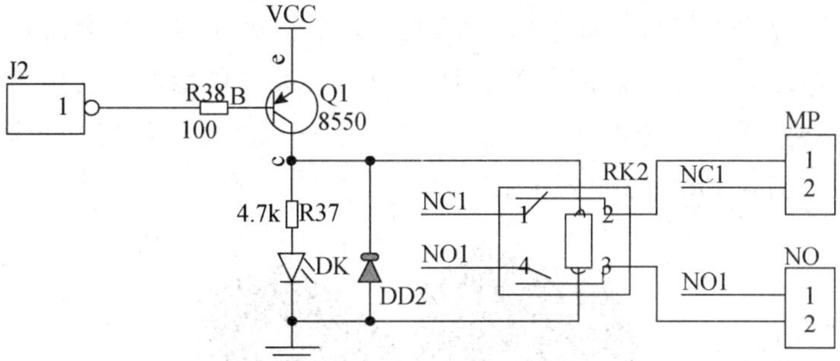

图 5-1　继电器原理图

实验任务

1. 开启和关闭继电器，使用 P2.7 接 JP5 的 K1（按钮接口），P1.4 接 J2；
2. 按下 P2.7 继电器 P1.4 动作，仿真效果图如图 5-2 所示。

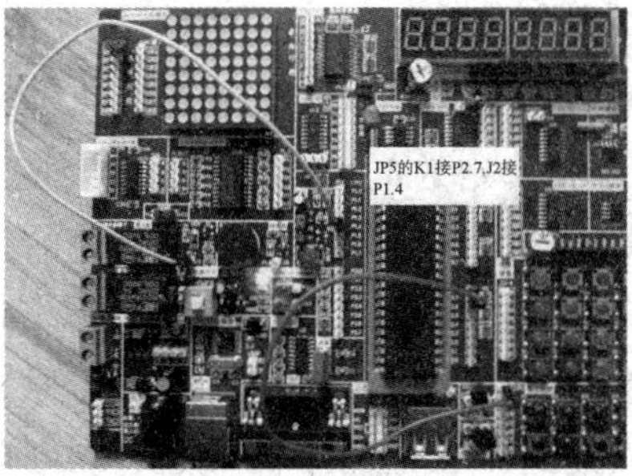

图 5-2　效果图

C 语言源程序：

```
/* 继电器实验* /
# include < reg51. h>                    //51 的端口和各特殊寄存器定义在此文件中
sbit RELAY= P1^4;                       //定义继电器对应单片机管脚
sbit K1= P2^7;                          //定义按钮对应单片机管脚
main()
{
  if (! K1) RELAY= 0;                   //按钮按下开启继电器
  elseRELAY= 1;                         //按钮松开关闭继电器
}
```

知识点

（一）继电器（relay）原理简介

当输入量（如电压、电流、温度等）达到规定值时，使被控制的输出电路导通或断开的电器。可分为电气量（如电流、电压、频率、功率等）继电器及非电气量（如温度、压力、速度等）继电器两大类。具有动作快、工作稳定、使用寿命长、体积小等优点。继电器广泛应用于电力保护、自动化、运动、遥控、测量和通信等装置中，继电器实物图如图 5-3 所示。

图 5-3　继电器实物图

1. 电磁继电器的工作原理和特性

电磁式继电器一般由铁芯、线圈、衔铁、触点簧片等组成的，电磁继电器图如图 5-4 所示。只要在线圈两端加上一定的电压，线圈中就会流过一定的电流，从而产生电磁效应，衔铁就会在电磁力吸引的作用下克服返回弹簧的拉力吸向铁芯，从而带动衔铁的动触点与静触点（常开触点）吸合。当线圈断电后，电磁的吸力也随之消失，衔铁就会在弹簧的反作用力返回原来的位置，使动触点与原来的静触点（常闭触点）吸合。这样吸合、释放，从而达到了在电路中的导通、切断的目的。对于继电器的“常开、常闭”触点，可以这样来区分：继电器线圈未通电时处于断开状态的静触点，称为“常开触点”；处于接通状态的静触点称为“常闭触点”。

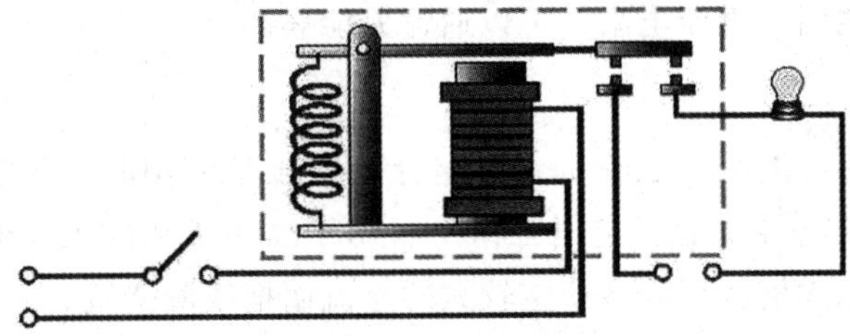

图 5-4　电磁继电器图

2. 热敏干簧继电器的工作原理和特性

热敏干簧继电器是一种利用热敏磁性材料检测和控制温度的新型热敏开关。它由感温磁环、恒磁环、干簧管、导热安装片、塑料衬底及其他一些附件组成。热敏干簧继电器不用线圈励磁，而由恒磁环产生的磁力驱动开关动作。恒磁环能否向干簧管提供磁力是由感温磁环的温控特性决定的。

3. 固态继电器（SSR）的工作原理和特性

固态继电器电路图如图 5-5 所示。固态继电器是一种两个接线端为输入端，另两个接线端为输出端的四端器件，中间采用隔离器件实现输入输出的电隔离。

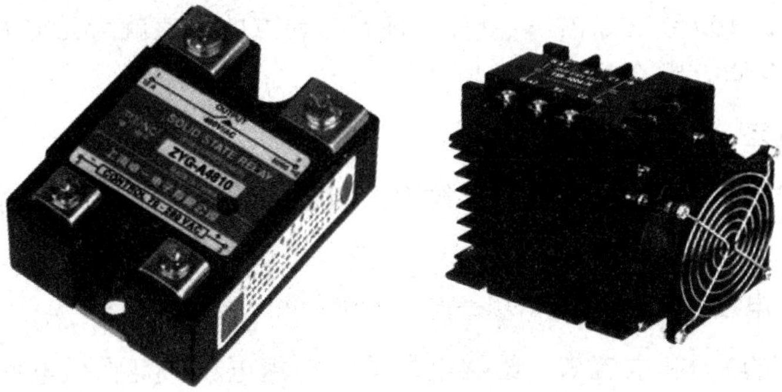

图 5-5　固态继电器图

固态继电器按负载电源类型可分为交流型和直流型。按开关型式可分为常开型和常闭型。按隔离型式可分为混合型、变压器隔离型和光电隔离型，以光电隔离型为最多。

（二）继电器主要产品技术参数

1. 额定工作电压

是指继电器正常工作时线圈所需要的电压。根据继电器的型号不同，可以是交流电压，也可以是直流电压。

2. 直流电阻

是指继电器中线圈的直流电阻，可以通过万能表测量。

3. 吸合电流

是指继电器能够产生吸合动作的最小电流。在正常使用时，给定的电流必须略大于吸合电流，这样继电器才能稳定地工作。而对于线圈所加的工作电压，一般不要超过额定工作电压的 1.5 倍，否则会产生较大的电流而把线圈烧毁。

4. 释放电流

是指继电器产生释放动作的最大电流。当继电器吸合状态的电流减小到一定程度时，继电器就会恢复到未通电的释放状态。这时的电流远远小于吸合电流。

5. 触点切换电压和电流

是指继电器允许加载的电压和电流。它决定了继电器能控制电压和电流的大小，使用时不能超过此值，否则很容易损坏继电器的触点。

(三) 继电器测试

1. 测触点电阻

用万能表的电阻档，测量常闭触点与动点电阻，其阻值应为 0，(用更加精确方式可测得触点阻值在 100 毫欧以内)；而常开触点与动点的阻值就为无穷大。由此可以区别出哪个是常闭触点，哪个是常开触点。

2. 测线圈电阻

可用万能表 R×10Ω 档测量继电器线圈的阻值，从而判断该线圈是否存在着开路现象。

3. 测量吸合电压和吸合电流

找来可调稳压电源和电流表，给继电器输入一组电压，且在供电回路中串入电流表进行监测。慢慢调高电源电压，听到继电器吸合声时，记下该吸合电压和吸合电流。为求准确，可以试多几次而求平均值。

4. 测量释放电压和释放电流

也是像上述那样连接测试，当继电器发生吸合后，再逐渐降低供电电压，当听到继电器再次发生释放声音时，记下此时的电压和电流，亦可尝试多几次而取得平均的释放电压和释放电流。一般情况下，继电器的释放电压约在吸合电压的 10～50%，如果释放电压太小（小于 1/10 的吸合电压），则不能正常使用了，这样会对电路的稳定性造成威胁，工作不可靠。

(四) 继电器的电符号和触点形式

继电器线圈在电路中用一个长方框符号表示，如果继电器有两个线圈，就画两个并列的长方框。同时在长方框内或长方框旁标上继电器的文字符号“J”。继电器的触点有两种表示方法：一种是把它们直接画在长方框一侧，这种表示法较为直观。另一种是按照电路连接的需要，把各个触点分别画到各自的控制电路中，通常在同一继电器的触点与线圈旁分别标注上相同的文字符号，并将触点组编上号码，以示区别。继电器的触点的形式如图 5-6 所示：

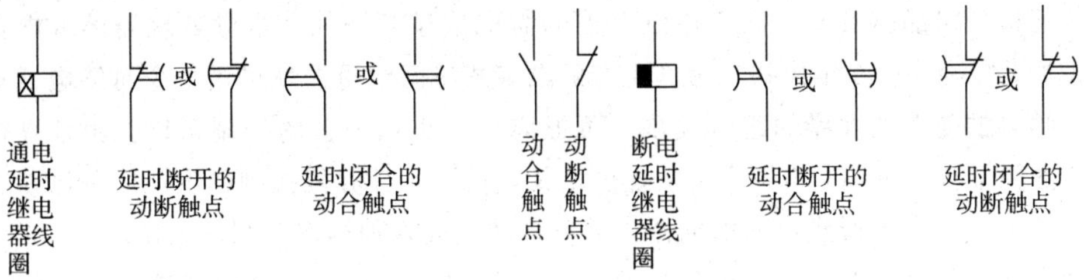

图 5-6　继电器触点图

继电器的触点常用的三种基本形式：

1. 动合型（H 型）线圈不通电时两触点是断开的，通电后，两个触点就闭合。以合字的拼音字头“H”表示。

2. 动断型（D 型）线圈不通电时两触点是闭合的，通电后两个触点就断开。用断字的拼音字头“D”表示。

3. 转换型（Z 型）这是触点组型。这种触点组共有三个触点，即中间是动触点，上下各一个静触点。线圈不通电时，动触点和其中一个静触点断开和另一个闭合，线圈通电后，动触点就移动，使原来断开的成闭合，原来闭合的成断开状态，达到转换的目的。这样的触点组称为转换触点。用“转”字的拼音字头“z”表示。

(五) 继电器的选用

1. 先了解必要的条件

(1) 控制电路的电源电压，能提供的最大电流；

(2) 被控制电路中的电压和电流；

(3) 被控电路需要几组、什么形式的触点。

选用继电器时，一般控制电路的电源电压可作为选用的依据。控制电路应能给继电器提供足够的工作电流，否则继电器吸合是不稳定的。

2. 查阅有关资料确定使用条件后，可查找相关资料，找出需要的继电器的型号和规格号。若手头已有继电器，可依据资料核对是否可以利用。最后考虑尺寸是否合适。

3. 注意器具的容积。若是用于一般用电器，除考虑机箱容积外，小型继电器主要考虑电路板安装布局。对于小型电器，如玩具、遥控装置则应选用超小型继电器产品。

继电器技术的发展微电子技术、电子计算机技术、现代通信技术、光电子技术以及空间技术的飞速发展，对继电器技术提出了新的要求，新工艺、新技术的发展无疑对继电器技术的发展起到促进作用。

微电子技术和超大规模IC的飞速发展对继电器也提出了新的要求。第一是小型化和片状化。如IC封装的军用TO-5（8.5×8.5×7.0mm）继电器，它具有很高的抗振性，可使设备更加可靠；第二是组合化和多功能化，能与IC兼容、可内置放大器，要求灵敏度提高到微瓦级；第三是全固体化。固体继电器灵敏度高，可防电磁干扰和射频干扰。

计算机技术的普及使得微机用继电器的需求量显著增加，带微处理器的继电器将迅速发展。20世纪80年代初，美国生产的数字式时间继电器就可用指令对继电器进行控制，继电器与微处理器的组合发展，可形成一个小巧完善的控制系统。由计算机控制的工业机器人目前以每年3.5%的速度增长，现在，计算机控制的生产体制已能在一条生产线上生产多种低成本的继电器，并可自动完成多种操作及测试工作。

通信技术的发展对继电器的发展具有深远的意义。一方面是由于通信技术的迅速发展使继电器的应用增加。另一方面，由于光纤将是未来信息社会传输的主动脉，在光纤通信、光传感、光计算机、光信息处理技术的推动下将出现光纤继电器、舌簧管光纤开关等新型继电器。

光电子技术对于继电器技术将产生巨大的促进作用，为实现光计算机的可靠运行，目前已试制出双稳态继电器。

为了提高航空、航天继电器的可靠性，期望继电器失效率应由目前的0.1ppm降至0.01ppm；载人空间站则要求达到0.001ppm。耐温要达到200℃以上，耐振要求高于490m/s，同时应能承受2.32×10（4）C/kg的α射线辐射。为满足空间要求，必须加强可靠性研究，并建立专门的高可靠生产线。

新型特殊结构材料、新分子材料、高性能复合材料、光电子材料，还有吸氧磁性材料、感温磁性材料、非晶体软磁材料的发展对研制新型磁保持继电器、温度继电器、电磁继电器都具有重要的意义，并必将出现新原理、新效应的继电器。

随着微型和片式化技术的提高。继电器将向二维、三维尺寸只有几毫米的微型和表面贴装化方向发展；现在国际上有些厂家生产的继电器，体积只有5～10年前的1/4～1/8。因为电子整机在减小体积时，需要高度不超过其他电子元件的更小的继电器。通信设备厂家对密集型继电器的需求更加热切，日本Fujitsu Takamisawa公司生产的一种BA系列超密集信号继电器的大小只有14.9mm（W）×7.4mm（D）×9.7mm（H），主要用于传真机和调制解调器，能承受3kV的波动电压。该公司推出的AS系列表面安装继电器的体积仅为14mm（W）×9mm（D）×6.5mm（H）。

在功率继电器领域尤其需要安全可靠的继电器，如高绝缘性继电器。日本Fujitsu TaKamisawa推出的JV系列功率继电器内含五个放大器，采用高绝缘性小截面设计，尺寸为17.5mm（W）×10mm（D）×12.5mm（H）。由于机芯和外缘之间采用强化绝缘系统，其绝缘性能达到5kV。日本NEC推出的MR82系列功率继电器的功耗只有200mW。

在继电器内部装入各种放大、延时、消触点抖动、灭弧、遥控、组合逻辑等电路可使其具有更多的功能。随着 SOP（Small Outline Package）技术的突破，生产厂家有可能把越来越多的功能集成到一起。而继电器与微处理器的组合将具备更广泛的专门控制功能，从而实现高智能化。

新技术的成群崛起，将促进不同原理、不同性能、不同结构和用途的各类继电器竞相发展。在科技进步、需求牵引以及敏感、功能材料发展的推动下，特种继电器，如温度、射频、高压、高绝缘、低热电势以及非电量控制等继电器的性能将日臻完善。

电磁继电器（EMR）从最初使用电话继电器算起，至今已有 150 多年的历史了。伴随着电子工业的发展，特别是 20 世纪 70 年代初期光耦合技术的突破，使固态继电器（SSR，亦称电子继电器）异军突起。同传统继电器相比，它具有寿命长、结构简单、重量轻、性能可靠等优点。固态继电器没有机械开关，而且具有诸如与微处理器高度兼容、速度快、抗冲击、耐振、低漏电等重要特性。同时，由于这种产品没有机械接点，不产生电磁噪声，从而不需要附加诸如电阻和电容等元件来保持静音。而传统继电器则需要这些附加元件，因此，传统继电器往往笨重而复杂，且成本较高。

今后，小型密封继电器市场开发的重点是与 IC 兼容的 TO-5 继电器和 1/2 晶体罩继电器。军用继电器将加速向工业/商业化转移。美国军用继电器约占继电器总额的 20%。通用继电器市场继续向小型、薄型和塑封方向发展。小型印制板用继电器仍将是通用继电器市场发展的主流产品，固体继电器将更趋广泛，价格将继续下降，并向高可靠、小体积、高抗浪涌电流冲击和抗干扰性靠拢。舌簧继电器市场将继续扩大。表面安装继电器的应用领域和需求量将呈上升之势。

第6章 蜂鸣器实例

实例引入

蜂鸣器是一种一体化结构的电子讯响器，采用直流电压供电，广泛应用于计算机、打印机、复印机、报警器、电子玩具、电话机等电子产品中作发声器件，蜂鸣器硬件电路图如图 6-1 所示。

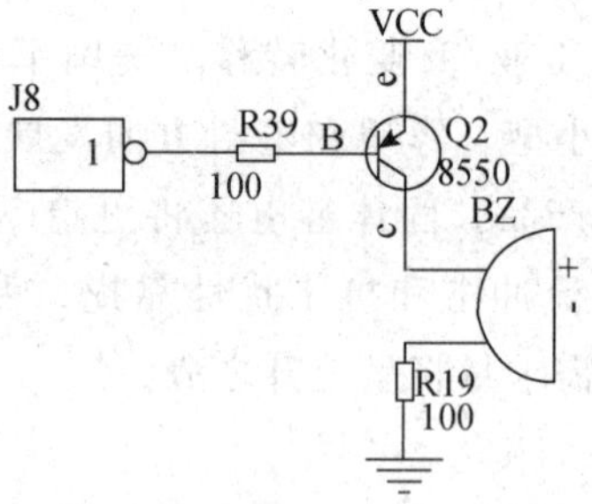

图 6-1　蜂鸣器硬件电路图

实验任务

1. 本例采用 89C51，晶振为 11.0592MHz，编制音乐代码；
2. 频率常数即音调，节拍常数即节拍；
3. 通过单片机演奏音乐，仿真效果图如图 6-2 所示。

图 6-2　蜂鸣器仿真效果图

C 语言源程序:

```
/* 通过单片机演奏音乐:八月桂花* /
# include < REG51. H>
# include < INTRINS. H>
                                        //本例采用 89C51,晶振为 11.0592MHz//
sbit Beep = P1^5;
unsigned char n= 0;                     //n 为节拍常数变量
unsigned char code music_tab[]= {
0x18,0x30,0x1C,0x10,                    //格式为:频率常数,节拍常数,频率常数,节拍
                                          常数,
0x20,0x40,0x1C,0x10,
0x18,0x10,0x20,0x10,
0x1C,0x10,0x18,0x40,
0x1C,0x20,0x20,0x20,
0x1C,0x20,0x18,0x20,
0x20,0x80,0xFF,0x20,
0x30,0x1C,0x10,0x18,
0x20,0x15,0x20,0x1C,
0x20,0x20,0x20,0x26,
0x40,0x20,0x20,0x2B,
0x20,0x26,0x20,0x20,
0x20,0x30,0x80,0xFF,
0x20,0x20,0x1C,0x10,
0x18,0x10,0x20,0x20,
0x26,0x20,0x2B,0x20,
0x30,0x20,0x2B,0x40,
0x20,0x20,0x1C,0x10,
0x18,0x10,0x20,0x20,
0x26,0x20,0x2B,0x20,
0x30,0x20,0x2B,0x40,
0x20,0x30,0x1C,0x10,
0x18,0x20,0x15,0x20,
0x1C,0x20,0x20,0x20,
0x26,0x40,0x20,0x20,
0x2B,0x20,0x26,0x20,
0x20,0x20,0x30,0x80,
0x20,0x30,0x1C,0x10,
0x20,0x10,0x1C,0x10,
0x20,0x20,0x26,0x20,
```

```
0x2B,0x20,0x30,0x20,
0x2B,0x40,0x20,0x15,
0x1F,0x05,0x20,0x10,
0x1C,0x10,0x20,0x20,
0x26,0x20,0x2B,0x20,
0x30,0x20,0x2B,0x40,
0x20,0x30,0x1C,0x10,
0x18,0x20,0x15,0x20,
0x1C,0x20,0x20,0x20,
0x26,0x40,0x20,0x20,
0x2B,0x20,0x26,0x20,
0x20,0x20,0x30,0x30,
0x20,0x30,0x1C,0x10,
0x18,0x40,0x1C,0x20,
0x20,0x20,0x26,0x40,
0x13,0x60,0x18,0x20,
0x15,0x40,0x13,0x40,
0x18,0x80,0x00
};
void int0() interrupt 1                    //采用中断0控制节拍
{ TH0= 0xd8;
  TL0= 0xef;
  n- - ;
}
void delay (unsigned char m)               //控制频率延时
{
  unsigned i= 3* m;
  while(- - i);
}
void delayms(unsigned char a)              //毫秒延时子程序
{
  while(- - a);
}
void main()
{ unsigned char p,m;                       //m为频率常数变量
  unsigned char i= 0;
  TMOD&= 0x0f;
  TMOD|= 0x01;
  TH0= 0xd8;TL0= 0xef;
```

```
  IE= 0x82;
 play:while(1)
     {
    A:p= music_tab[i];
      if(p= = 0x00)
      { i= 0,delayms(1000);goto play;}       //如果碰到结束符,延时 1s,回到开始再来一遍
      else if(p= = 0xff) { i= i+ 1;delayms(100),TR0= 0;goto A;}
                                             //若碰到休止符,延时 100ms,继续取下一音符
            else {m= music_tab[i+ + ],n= music_tab[i+ + ];}
                                             //取频率常数和节拍常数
            TR0= 1;                          //开定时器 1
            while(n! = 0) Beep= ~ Beep,delay(m);
                                             //等待节拍完成,通过 P1 口输出音频)
            TR0= 0;                          //关定时器 1
      }
 }
```

知识点 〉〉〉

（一）蜂鸣器功能

在很多的单片机系统中除了显示器件外经常还有发声器件，最常见的发声器件是蜂鸣器。蜂鸣器一般用于一些要求不高的声音报警及按键操作提示音等场合。蜂鸣器是一种一体化结构的电子讯响器，采用直流电压供电，广泛应用于计算机、打印机、复印机、报警器、电子玩具、汽车电子设备、电话机、定时器等电子产品中作发声器件。蜂鸣器的实物图如图 6-3 所示。

图 6-3　蜂鸣器实物图

常用的蜂鸣器就是常常说的交流蜂鸣器或直流蜂鸣器（自激式蜂鸣器）。直流蜂鸣器是给一定的驱动直流电压就会响。而交流蜂鸣器是需要给蜂鸣器一个脉冲才会响。

蜂鸣器通过 ULN2003 驱动，利用杜邦线将蜂鸣器的一端 J8 连接到板子上 J3 的 BZ 引脚上，如图 6-4 所示。

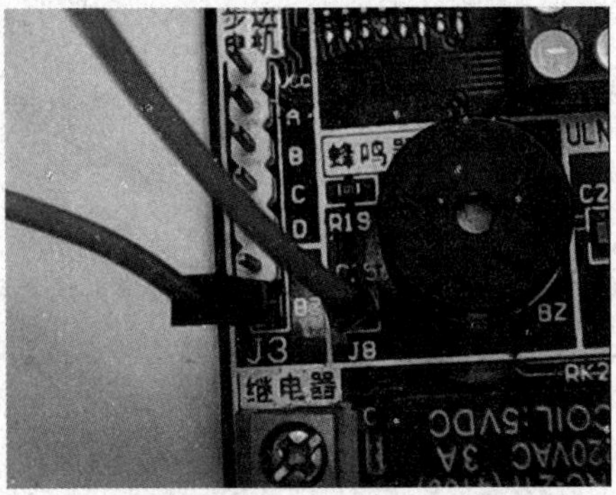

图 6-4　ULN2003 驱动蜂鸣器图

常见的有 PWM 波控制蜂鸣器的频率。虽然它有自己的固有频率，但是它也可以被加以不同频率的方波，从而编制一些简单的音乐。脉冲就是高低电平的切换，如图 6-5 所示：一个方波脉冲。

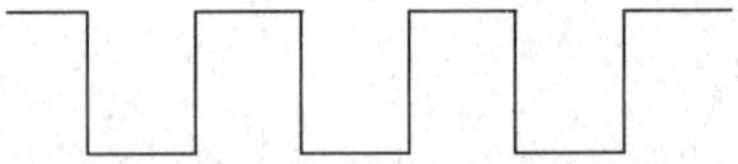

图 6-5　蜂鸣器方波脉冲图

使用单片机的 IO 口实现一种这样高低电平的方波，驱动蜂鸣器发音。

（二）蜂鸣器原理

蜂鸣器和普通扬声器相比，最重要一个特点是只要按照极性要求加上合适的直流电压，就可以发出固有频率的声音，因此使用起来比扬声器简单。由此可知，蜂鸣器的控制和 LED 的控制对单片机而言是没有区别的。

1. 硬件电路

虽然蜂鸣器的控制和 LED 的控制对于单片机是一样的，但在外围硬件电路上却有所不同，因为蜂鸣器是一个感性负载，在使用时应加个驱动三极管，在要求较高的场合还应加上反相保护二极管。

2. 乐理知识

音是一种物理现象，物体振动时产生音波，人所能听到的声音每秒振动次数为 16～2000 次左右。音的主要性质有音的高低，音的强弱，音的长短和音色。音的高低决定于物体的振动频率。振动频率越高，音越高；振动频率越低，音越低。音的强弱决定于振幅大小。音的长短决定于音的延续时间的不同。音的延续时间越长，音就越长，反之亦然。音色由发音体的性质、形状等多种因素决定。

（1）音频脉冲的产生

声音是通过振动产生的。单片机对某一引脚以一定的频率循环置 1 置 0，该引脚便产生一定频率的方波，方波通过放大，作用于一定的物理实件（蜂鸣器），就产生了一定频率的声音。若改变输出方波的频率，产生的声音随之改变。通过控制输出方波的时间长短，声音的长短也可以得到控制，因此，根据乐谱，以类似的音及同样的节拍，单片机就可以产生电子音乐。

音乐的播放选择可以通过按键的输入得以实现。为简便起见，以一定的频率方波产生的音在其每个周期内高低幅值的时间各占一半因此，输出引脚在每个方波周期内要动作两次：一次升高，一次降低。即输出引脚的频率是原音频率的两倍。

方波的产生由定时器控制。定时器 T0 工作在定时方式 1，改变 TH0 及 TL0，产生不同的音频频率。必须考虑到中断响应时间的影响，尤其在高音部分，若忽略中断响应时间，会使音频频率比标准值低几十 Hz，相当于 1/4 音程，很容易听出来，对低音部分影响不大。

一般中断响应时间为 3～6 个机器周期，经过反复试验取 5 个机器周期作为校正最为恰当，表中所给的定时初值就是考虑中断响应后的定时常数。另外，为避免 T1 中断可能引起杂音，应将定时器 T0 中断设为高优先级。这样编写出来的程序播放的音与标准音叉进行差频校音，非常准确和谐。

乐曲中，每一音符对应着确定的频率，将每一音符的频率常数和相对应的节拍常数作为一组，按顺序将乐曲中所有的常数排列成一个表，然后由查表程序依次取出，产生音符并控制节奏，就可以演奏效果。

例如，要产生中音 1。从表 6-1 可知，中音 1 的频率为 523Hz，周期 T＝1/523＝1912μs，其半周期为 1912/2＝956μs，因此只要在 P1.0 引脚产生半周期为 956μs 的方波，即可听到持续的 1 音。C 调各音符频率与计数初值的对应表 6-1 所示。

表 6-1　C 调部分音符频率、计时常数的对应关系

音符	6̣	7̣	1	2	3	4	5
频率（Hz）	440	494	523	578	659	698	784
初值 T	64400	64524	64580	64684	64777	64820	64898
简谱码	2	3	4	5	6	7	8
音符	6	7	1̇	2̇	2̇	3̇	4̇
频率（Hz）	880	988	1046	1175	1318	1397	1568
初值 T	64968	65030	65058	65110	65157	65178	65217
音符	9	A	B	C	D	E	F

注：不发音的简谱码用“0”表示

（2）音乐节拍的生成

要唱出一首歌，只产生出音频脉冲还不够，还要考虑节拍。定义每个音符占用一个字节，字节的高 4 位代表音符的高低，低 4 位表示该音符的节拍，如果一拍为 0.4s，则 1/4 拍是 0.1s，只要设定延迟时间就可获得节拍的时间。我们也可以设 1/4 拍为 1 个 DELAY，则 1 拍应该是 4 个 DELAY，以此类推，所以，只要求得 1/4 拍的 DELAY 时间，其余的节拍就是它的倍数。详见表 6-2 所示。

表 6-2　节拍与节拍码对照表

节拍数	1/4 拍	2/4 拍	3/4 拍	1 拍	1 又 1/4 拍
节拍码	1	2	3	4	5
节拍数	1 又 1/2 拍	2 拍	2 又 1/2 拍	3 拍	3 又 3/4 拍
节拍码	6	8	A	C	F

（3）建立音乐的步骤

先把谱的音符找出，然后由上表建立时间常数初值 T 的顺序表，假设标号为 TABLE。建立音符和节拍表，标号为 TABLE，将构成发音符的计数值放在其中，则 TABLE 表的结构为：简谱码（代表音符）为高 4 位，节拍码（表示节拍数）为低 4 位，在唱歌程序中对每一个有节拍的音符能通过设计共同生成音符节拍码。

第 7 章　矩阵键盘应用实例

实例引入

键盘接口电路是单片机系统设计非常重要的一环，作为人机交互界面里最常用的输入设备，我们可以通过键盘输入数据或命令来实现简单的人机通信。实验电路如图 7-1 所示。

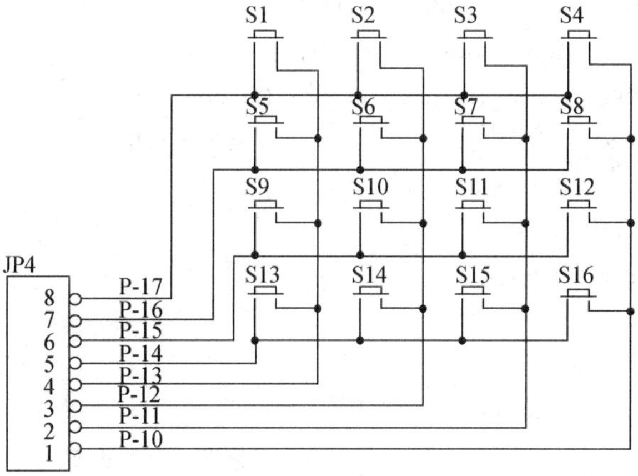

图 7-1　局部原理图

实验任务 1：

通过 LCD1602 液晶显示矩阵键值。仿真效果如图 7-2 所示。

图 7-2　液晶显示矩阵键值仿真效果图

C 语言源程序 1:

```
# include < reg51. h>
# include < intrins. h>
# define uchar unsigned char
# define uint unsigned int
uchar dis_buf;                              //显示缓存
uchar temp;
uchar key;                                  //键顺序吗
void delay0(uchar x);                       //x* 0. 14MS
sbit LCD_RW= P2^5;
sbit LCD_RS= P2^6;
sbit LCD_EN= P2^7;
uchar cdis1[16]= {"  KEY   NUMBER     "};
uchar cdis2[16]= {"  KEY- CODE:     H  "};
# define delayNOP();{_nop_();_nop_();_nop_();_nop_();};
void delay(uchar x)                         //延时子程序
{  uchar j;
    while((x- - )! = 0)
    {  for(j= 0;j< 125;j+ + )
          {;}
    }
}
bit lcd_busy()                              //检查 LCD 忙状态
                                            //lcd_busy 为 1 时为忙,等待。lcd_busy 为 0
                                              时为闲,可写指令与数据
  {
    bit result;
    LCD_RS= 0;
    LCD_RW= 1;
    LCD_EN= 1;
    delayNOP();
    result = (bit)(P0&0x80);
    LCD_EN= 0;
    return(result);
  }
void lcd_wcmd(uchar cmd)                    //写指令数据到 LCD
{
    while(lcd_busy());                      //RS= L,RW= L,E= 高脉冲,D0- D7= 指令码
    LCD_RS= 0;
```

```
    LCD_RW= 0;
    LCD_EN= 0;
    _nop_();
    _nop_();
    P0= cmd;
    delayNOP();
    LCD_EN= 1;
    delayNOP();
    LCD_EN= 0;
}
void lcd_wdat(uchar dat)                  //写显示数据到 LCD
{
    while(lcd_busy());                    //RS= H,RW= L,E= 高脉冲,D0- D7= 数据。
    LCD_RS= 1;
    LCD_RW= 0;
    LCD_EN= 0;
    P0= dat;
    delayNOP();
    LCD_EN= 1;
    delayNOP();
    LCD_EN= 0;
}
void lcd_init()                           //LCD 初始化设定
{
    delay(15);
    lcd_wcmd(0x38);                       //16* 2 显示,5* 7 点阵,8 位数据
    delay(5);
    lcd_wcmd(0x38);
    delay(5);
    lcd_wcmd(0x38);
    delay(5);
    lcd_wcmd(0x0c);                       //显示开,关光标
    delay(5);
    lcd_wcmd(0x06);                       //移动光标
    delay(5);
    lcd_wcmd(0x01);                       //清除 LCD 的显示内容
    delay(5);
}
void lcd_pos(uchar pos)                   //设定显示位置
```

```
{
  lcd_wcmd(pos | 0x80);                    //数据指针= 80+ 地址变量
}
  void keyscan(void)                       //键扫描子程序(4* 3  的矩阵)
                                           P1.4  P1.5  P1.6  P1.7为行
                                           P1.1  P1.2  P1.3为列
{  temp = 0;
    P1= 0xF0;                              //高四位输入  行为高电平  列为低电平
    delay(1);
    temp= P1;                              //读 P1 口
    temp= temp&0xF0;                       //屏蔽低四位
    temp= ~ ((temp> > 4)|0xF0);
    if(temp= = 1)                          //p1.4  被拉低
        key= 0;
    else if(temp= = 2)                     //p1.5  被拉低
        key= 1;
    else if(temp= = 4)                     //p1.6  被拉低
        key= 2;
    else if(temp= = 8)                     //p1.7  被拉低
          key= 3;
    else
    key= 16;
    P1= 0x0F;                              //低四位输入  列为高电平  行为低电平
    delay(1);
    temp= P1;                              //读 P1 口
    temp= temp&0x0F;
    temp= ~ (temp|0xF0);
    if(temp= = 1)                          //p1.0  被拉低
        key= key+ 0;
    else if(temp= = 2)                     //p1.1  被拉低
        key= key+ 4;
    else if(temp= = 4)                     //p1.2  被拉低
        key= key+ 8;
    else if(temp= = 8)                     //p1.3  被拉低
        key= key+ 12;
    else
        key= 16;
    dis_buf = key;                         //键值入显示缓存
      dis_buf = dis_buf & 0x0f;
```

```
    if(dis_buf> 9)                        //转换为 ASCII 码
      dis_buf =   dis_buf+ 0x37;
      else
    dis_buf =   dis_buf+ 0x30;
}
void keydown(void)                        //判断键是否按下
{
    P1= 0xF0;
    if(P1! = 0xF0)                        //判断按键是否按下  如果按钮按下  会拉低
                                            P1 其中的一个端口
    {
      keyscan();
    }
  }
main()
  {
    uchar m;
    P0= 0xFF;                             //置 P0 口
    P1= 0xFF;                             //置 P1 口
    delay(10);                            //延时
    lcd_init();                           //初始化 LCD
    lcd_pos(0);                           //设置显示位置为第一行的第 1 个字符
      m= 0;
    while(cdis1[m] ! =  '\0')
      {                                   //显示字符
        lcd_wdat(cdis1[m]);
        m+ + ;
      }
    lcd_pos(0x40);                        //设置显示位置为第二行第 1 个字符
    m= 0;
    while(cdis2[m]! = '\0')
      {
        lcd_wdat(cdis2[m]);               //显示字符
        m+ + ;
      }
        dis_buf = 0x2d;                   //显示字符"- "
      while(1)
      {
        keydown();
```

```
        lcd_pos(0x4c);
        lcd_wdat(dis_buf);                    //第一位数显示
      }
  }
```

实验任务 2:

通过数码管显示矩阵键值。仿真效果如图 7-3 所示。

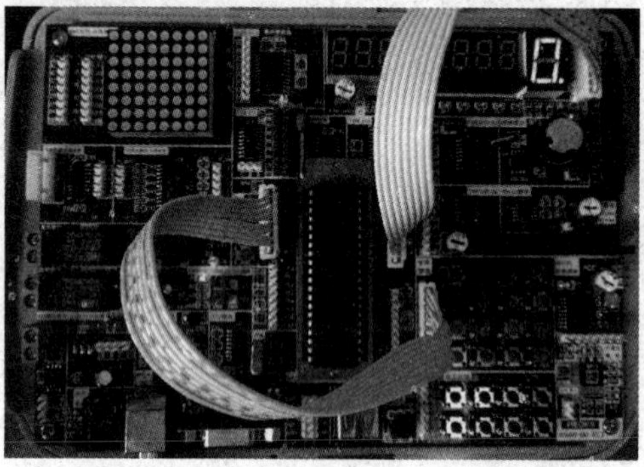

图 7-3　数码管显示矩阵键值仿真效果图

C 语言源程序 2:

```
# include < reg51. h>
# define uchar unsigned char                  //宏的定义变量类型 uchar 代替 unsigned char
# define uint unsigned int                    //宏的定义变量类型 uint 代替 unsigned int
uchar dis_buf;                                //显示缓存
uchar temp;
uchar key;                                    //键顺序码
void delay(uchar x);                          //x* 0. 14MS
unsigned char code LED7Code[]= {~ 0x3F,~ 0x06,~ 0x5B,~ 0x4F,~ 0x66,~ 0x6D,~ 0x7D,~
0x07,~ 0x7F,~ 0x6F,~ 0x77,~ 0x7C,~ 0x39,~ 0x5E,~ 0x79,~ 0x71};
                                              //此表为 0~F LED 的字模
void delay(uchar x)                           //延时子程序
{  uchar j;
   while((x- - )! = 0)                        //CPU 执行 x* 12 次
   {  for(j= 0;j< 125;j+ + )
         {;}
   }
}
void keyscan(void)                            //键扫描子程序  (3* 4  的矩阵)
                                              P1. 4  P1. 5  P1. 6  P1. 7 为列
                                              P1. 1  P1. 2  P1. 3 为行
```

```
{   temp = 0;
     P1= 0xF0;                          //高四位输入    列为高电平  行为低电平
     delay(1);                          //延时
     temp= P1;                          //读 P1 口
     temp= temp&0xF0;                   //屏蔽低四位
     temp= ~ ((temp> > 4)|0xF0);
     if(temp= = 1)                      //p1.4  被拉低
         key= 1;                        //第 1 个按键键值
     else if(temp= = 2)                 //p1.5  被拉低
         key= 2;                        //第 2 个按键键值
     else if(temp= = 4)                 //p1.6  被拉低
         key= 3;                        //第 3 个按键键值
     else if(temp= = 8)                 //p1.7  被拉低
            key= 4;                     //第 4 个按键键值
     else
            key = 16;
     P1= 0x0F;                          //低四位输入  行为高电平  列为低电平
     delay(1);                          //延时
     temp= P1;                          //读 P1 口
     temp= temp&0x0F;
     temp= ~ (temp|0xF0);
     if(temp= = 1)                      //第一行  p1.0  被拉低
            key= key+ 0;
     else if(temp= = 2)                 //第二行  p1.1  被拉低
            key= key+ 4;
     else if(temp= = 4)                 //第三行  p1.2  被拉低
            key= key+ 8;
     else if(temp= = 8)                 //第四行  p1.3  被拉低
            key= key+ 12;
else
            key = 16;
        dis_buf = key;                  //键值入显示缓存
        dis_buf = dis_buf & 0x0f;
}
void keydown(void)                      //判断键是否按下
{
   P1= 0xF0;                            //将高 4 位全部置 1  低四位全部置 0
   if(P1! = 0xF0)                       //判断按键是否按下  如果按钮按下  会拉低
                                          P1 其中的一个端口
```

```
    {
      keyscan();                                    //调用按键扫描程序
    }
  }
main()
    {
      P0= 0xFF;                                     //置 P0 口
      P1= 0xFF;                                     //置 P1 口
      delay(10);                                    //延时
      while(1)
      {
          keydown();                                //调用按键判断检测程序
          P0= LED7Code[dis_buf% 16]&0x7f;
                                                    //LED7  0x7f 为小数点  共阴和共阳此处也
                                                      是不一样;% 16表示输出 16进制
      }
    }
```

知识点

（一）矩阵键盘简介

独立按键具有编程简单但占用 I/O 口资源的特点，不适合在按键较多的场合应用。在实际应用中经常要用到输入数字、字母等功能，如电子密码锁、电话机键盘等一般都至少有 12 到 16 个按键，在这种情况下如果用独立按键的话显然太浪费 I/O 口资源，为此我们就引入了矩阵键盘的应用。

矩阵键盘又称行列键盘，它是用四条 I/O 线作为行线，四条 I/O 线作为列线组成的键盘。在行线和列线的每个交叉点上设置一个按键。这样键盘上按键的个数就为 4 * 4 个。这种行列式键盘结构能有效地提高单片机系统中 I/O 口的利用率。

（二）键盘的可靠输入

键盘的可靠输入是键盘接口设计的关键点。键盘的可靠输入大致有如下两个方面的内容。

（1）去抖动。目前的键盘按键均为继续式接触点，由于触点的机械弹性效应，在按键闭合和断开的时候，接触点的电压并不是立即变化，而是会出现抖动，大致在 5～10ms。

（2）一次按键处理。当按键按下之后，相应的按键编码以高低电平的方式输入到单片机的 I/O 口。按键闭合是有一定的时间的，大致为 0.1s～5s。

为了去除按键的抖动，并且保证单片机对键盘按键的一次输入仅响应一次，可以在硬件和软件上采取不同的措施。一般来讲，硬件处理比较复杂，成本也高；软件处理则简单实用，因而广泛应用。

软件去抖动和一次按键处理的方法是：当程序检测到有键按下时，执行一个延时程序，一般在 10ms 以上的延时程序，然后再检测一次，看是否该键仍然闭合。如果仍然闭合则可以确定确实有键按下，从而可以消除抖动的影响。

(三) 矩阵键盘的工作原理

最常见的键盘布局如图 7-4 所示。一般由 16 个按键组成，在单片机中正好可以用一个 P 口实现 16 个按键功能，这也是在单片机系统中最常用的形式。

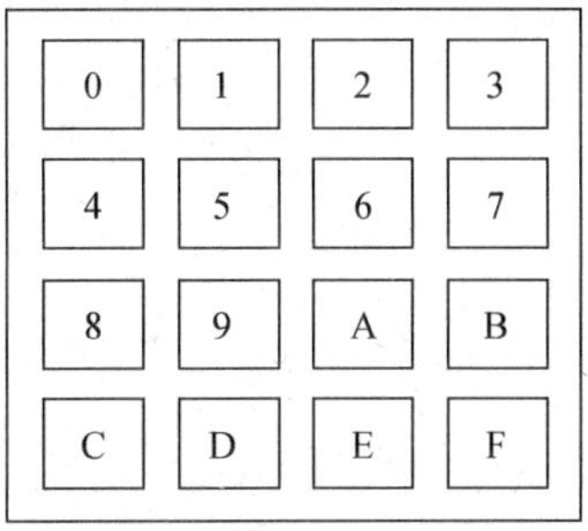

图 7-4 矩阵键盘布局图

4 * 4 矩阵键盘的内部电路如图 7-5 所示。

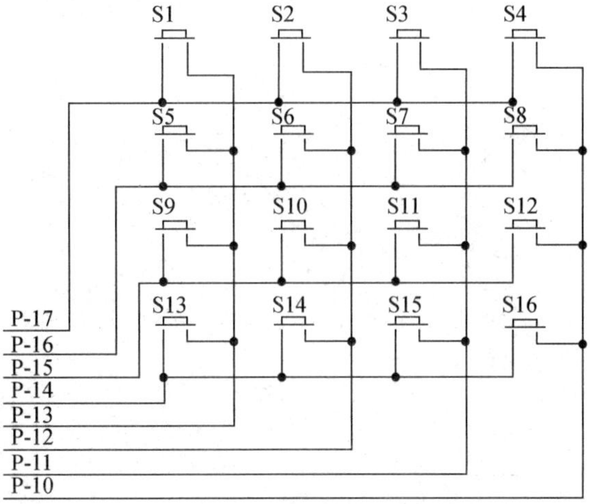

图 7-5 矩阵键盘的内部电路图

当无按键闭合时，P1.0～P1.7 之间开路。当有键闭合时，与闭合键相连的两条 I/O 口线之间短路。

判断有无按键按下的方法是：

第一步，置列线 P1.0～P1.3 为输入状态，从行线 P1.4～P1.7 输出低电平，读入列线数据，若某一列线为低电平，则该列线上有键闭合。

第二步，行线轮流输出低电平，从列线 P1.0～P1.3 读入数据，若有某一列为低电平，则对应行线上有键按下。综合一二两步的结果，可确定按键编号。但是键闭合一次只能进行一次键功能操作，因此须等到按键释放后，再进行键功能操作，否则按一次键，有可能会连续多次进行同样的键操作。

第 8 章 RTC 实时时钟（DS1302）实例

实例引入

点滴式充电计时芯片 DS1302 包含一个 RTC/日历和 31 字节的静态 RAM。它通过一个简单的串口与微控制器之间通信。RTC/日历提供秒、分、时、日期、星期、月和年信息。对于少于 31 天的月份，月末日期会自动调整，包括对闰年的修正。时钟即可以为 24 小时的形式，也可以为带 AM/PM 标志的 12 小时形式。本设计选用 DS1302 实时时钟芯片来为系统提供时钟。电路图如图 8-1 所示。

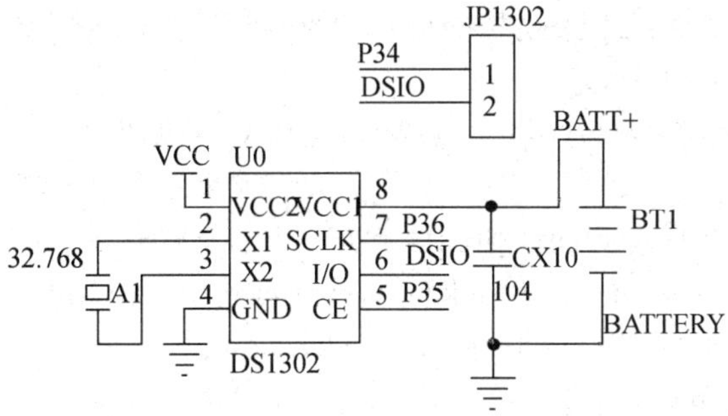

图 8-1 局部原理图

实验任务

了解 DS1302 时钟芯片的基本原理和使用，理解并掌握 DS1302 时钟芯片驱动程序的编写以及实现数字字符在数码管中的显示。仿真效果图如图 8-2 所示。

图 8-2 DS1302 时钟芯片仿真效果图

C 语言源程序：

```
# include< reg52. h>
# include < intrins. h>
sbit SCK= P3^6;                                    //时钟
sbit SDA= P3^4;                                    //数据
sbit RST= P3^5;                                    //DS1302 复位
sbit LS138A= P2^2;
sbit LS138B= P2^3;
sbit LS138C= P2^4;
bit ReadRTC_Flag;                                  //定义读 DS1302 标志
unsigned char l_tmpdate[7]= {0,0,12,15,5,3,8};
                                                   //秒分时日月周年 08- 05- 15  12:00:00
unsigned char l_tmpdisplay[8];
code unsigned char write_rtc_address[7]= {0x80,0x82,0x84,0x86,0x88,0x8a,0x8c};
                                                   //秒分时日月周年  最低位读写位
code unsigned char read_rtc_address[7]= {0x81,0x83,0x85,0x87,0x89,0x8b,0x8d};
code unsigned char table[]=
{0x3f,0x06,0x5b,0x4f,0x66,0x6d,0x7d,0x07,0x7f,0x6f,0x40};
                                                   //共阴数码管  0- 9  '- '  '熄灭'表
void Write_Ds1302_byte(unsigned char temp);  //函数声明
void Write_Ds1302(unsigned char address,unsigned char dat );
unsigned char Read_Ds1302(unsigned char address );
void Read_RTC(void);                               //读 RTC
void Set_RTC(void);                                //设置 RTC
void InitTIMER0(void);                             //初始化 timer0
void main(void)
{
  InitTIMER0();                                    //初始化定时器 0
  Set_RTC();
                                                   //写入时钟值,如果使用备用电池时候,不需要
                                                     每次上电写入,此程序应该屏蔽

  while(1)
  {
    if(ReadRTC_Flag)
    {
      ReadRTC_Flag= 0;
      Read_RTC();
        l_tmpdisplay[0]= l_tmpdate[2]/16;  //数据的转换,因我们采用数码管 0~ 9 的显
                                             示,将数据分开
```

```
        l_tmpdisplay[1]= l_tmpdate[2]&0x0f;
        l_tmpdisplay[2]= 10;                //加入"- "
        l_tmpdisplay[3]= l_tmpdate[1]/16;
        l_tmpdisplay[4]= l_tmpdate[1]&0x0f;
        l_tmpdisplay[5]= 10;
        l_tmpdisplay[6]= l_tmpdate[0]/16;
        l_tmpdisplay[7]= l_tmpdate[0]&0x0f;
      }
    }
}
void InitTIMER0(void)                   //定时器 0 初始化
{
  TMOD|= 0x01;                          //定时器设置 16 位
  TH0= 0xef;                            //初始化值
  TL0= 0xf0;
  ET0= 1;
  TR0= 1;
  EA= 1;
}
void Write_Ds1302_Byte(unsigned char temp) //写一个字节
{
  unsigned char i;
  for (i= 0;i< 8;i+ + )                 //循环 8 次  写入数据
  {
    SCK= 0;
      SDA= temp&0x01;                   //每次传输低字节
      temp> > = 1;                      //右移一位
      SCK= 1;
    }
}
void Write_Ds1302(unsigned char address,unsigned char dat )
                                        //写入 DS1302
{
  RST= 0;
  _nop_();
  SCK= 0;
  _nop_();
  RST= 1;
  _nop_();                              //启动
```

```
  Write_Ds1302_Byte(address);              //发送地址
  Write_Ds1302_Byte(dat);                  //发送数据
  RST= 0;                                  //恢复
}
unsigned char Read_Ds1302(unsigned char address )
                                           //读出 DS1302 数据
{
  unsigned char i,temp= 0x00;
  RST= 0;
  _nop_();
  _nop_();
  SCK= 0;
  _nop_();
  _nop_();
  RST= 1;
  _nop_();
  _nop_();
  Write_Ds1302_Byte(address);
  for (i= 0;i< 8;i+ + )                    //循环 8 次,读取数据
  {
    if(SDA)
    temp|= 0x80;                           //每次传输低字节
    SCK= 0;
    temp> > = 1;                           //右移一位
    _nop_();
    _nop_();
    _nop_();
    SCK= 1;
  }
  RST= 0;
  _nop_();                                 //以下为 DS1302 复位的稳定时间
  _nop_();
  RST= 0;
  SCK= 0;
  _nop_();
  _nop_();
  _nop_();
  _nop_();
  SCK= 1;
```

```
  _nop_();
  _nop_();
  SDA= 0;
  _nop_();
  _nop_();
  SDA= 1;
  _nop_();
  _nop_();
  return (temp);                          //返回
}
void Read_RTC(void)                       //读取时钟数据
{
  unsigned char i,* p;
  p= read_rtc_address;                    //地址传递
  for(i= 0;i< 7;i+ + )                    //分 7 次读取  秒分时日月周年
  {
    l_tmpdate[i]= Read_Ds1302(* p);
    p+ + ;
  }
}
void Set_RTC(void)                        //设定时钟数据
{
  unsigned char i,* p,tmp;
  for(i= 0;i< 7;i+ + ){                   //BCD 处理
    tmp= l_tmpdate[i]/10;
    l_tmpdate[i]= l_tmpdate[i]% 10;
    l_tmpdate[i]= l_tmpdate[i]+ tmp* 16;
  }
  Write_Ds1302(0x8E,0X00);
  p= write_rtc_address;                   //传地址
  for(i= 0;i< 7;i+ + )                    //7 次写入  秒分时日月周年
  {
    Write_Ds1302(* p,l_tmpdate[i]);
    p+ + ;
  }
  Write_Ds1302(0x8E,0x80);
}
void tim(void) interrupt 1 using 1        //定时器中断函数
                                          //中断,用于数码管扫描
```

```
{
  static unsigned char i,num;
  TH0= 0xf5;
  TL0= 0xe0;
  P0= table[l_tmpdisplay[i]];                    //查表法得到要显示数字的数码段
  switch(i)
    {
      case 0:LS138A= 0;LS138B= 0;LS138C= 0;break;
      case 1:LS138A= 1;LS138B= 0;LS138C= 0;break;
      case 2:LS138A= 0;LS138B= 1;LS138C= 0;break;
      case 3:LS138A= 1;LS138B= 1;LS138C= 0;break;
      case 4:LS138A= 0;LS138B= 0;LS138C= 1;break;
      case 5:LS138A= 1;LS138B= 0;LS138C= 1;break;
      case 6:LS138A= 0;LS138B= 1;LS138C= 1;break;
      case 7:LS138A= 1;LS138B= 1;LS138C= 1;break;
    }
  i+ + ;
  if(i= = 8)
    {
    i= 0;
    num+ + ;
    if(10= = num)                                  //隔段时间读取 1302 的数据。时间间隔可以
                                                     调整
      {
      ReadRTC_Flag= 1;                             //使用标志位判断
      num= 0;
      }
    }
}
```

知识点 ›››

(一) DS1302 时钟芯片简介

在很多单片机系统中都要求带有实时时钟电路，如最常见的数字钟、钟控设备、数据记录仪表，这些仪表往往需要采集带时标的数据，同时一般它们也会有一些需要保存起来的重要数据，有了这些数据，便于用户后期对数据进行观察、分析。本实例就介绍市面上常见的时钟芯片 DS1302 的应用。DS1302 是美国 DALLAS 公司推出的一款高性能、低功耗、带内部 RAM 的实时时钟芯片（RTC），也就是一种能够为单片机

系统提供日期和时间的芯片。

DS1302是DALLAS公司推出的涓流充电时钟芯片，内含一个实时时钟/日历和31字节静态RAM，可以通过串行接口与单片机进行通信。实时时钟/日历电路提供秒、分、时、日、星期、月、年的信息，每个月的天数和闰年的天数可自动调整，时钟操作可通过AM/PM标志位决定采用24或12小时时间格式。DS1302与单片机之间能简单地采用同步串行的方式进行通信，仅需三根I/O线：复位（RST）、I/O数据线、串行时钟（SCLK）。时钟/RAM的读/写数据以一字节或多达31字节的字符组方式通信。DS1302工作时功耗很低，保持数据和时钟信息时，功耗小于1mW。

（二）DS1302时钟芯片的外部结构

DS1302的外部引脚如图8-3所示：

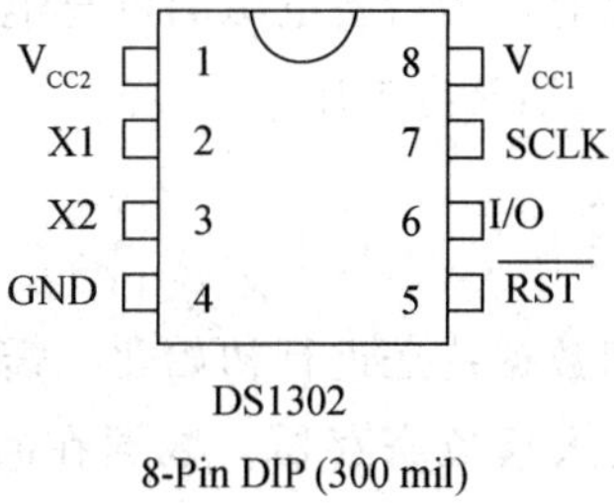

图8-3 DS1302的外部引脚图

各引脚功能说明：

X1，X2引脚：32.768kHz晶振引脚

GND引脚：接地

RST引脚：复位

I/O引脚：数据输入/输出

SCLK引脚：串行时钟

VCC1引脚：电池引脚

VCC2引脚：主电源引脚

（三）DS1302时钟芯片的内部结构

DS1302的内部结构如图8-4所示，主要组成部分为：移位寄存器、控制逻辑、振荡器、实时时钟以及RAM。虽然数据分成两种，但是对单片机的程序而言，其实是一样的，就是对特定的地址进行读写操作。

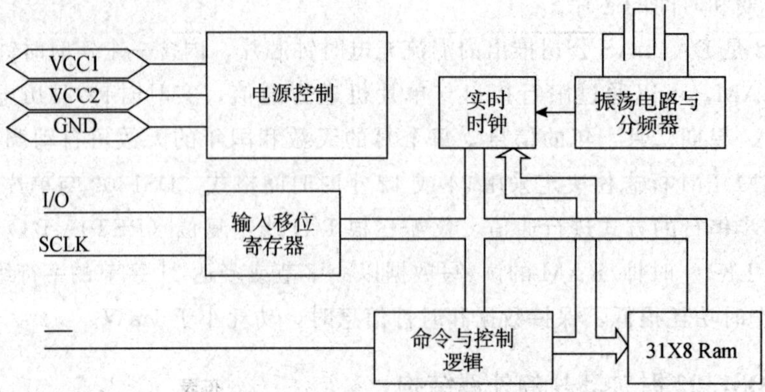

图 8-4　DS1302 的内部结构图

DS1302 含充电电路，可以对作为后备电源的可充电电池充电，并可选择充电使用和串入的二极管数目，以调节电池充电电压。

(四) DS1302 的工作原理

DS1302 工作时为了对任何数据传送进行初始化，需要将复位脚（RST）置为高电平且将 8 位地址和命令信息装入移位寄存器。数据在时钟（SCLK）的上升沿串行输入，前 8 位指定访问地址，命令字装入移位寄存器后，在之后的时钟周期，读操作时输出数据，写操作时输出数据。时钟脉冲的个数在单字节方式下为 8+8（8 位地址+8 位数据），在多字节方式下为 8 加最多可达 248 的数据。

对 DS1302 的操作就是对其内部寄存器的操作，DS1302 内部共有 12 个寄存器，其中有 7 个寄存器与日历、时钟相关，存放的数据位为 BCD 码形式。此外，DS1302 还有年份寄存器、控制寄存器、充电寄存器、时钟突发寄存器及与 RAM 相关的寄存器等。时钟突发寄存器可一次性顺序读写除充电寄存器以外的寄存器。日历、时间寄存器及控制字如表 8-1 所示。

最后一位 RD/W 为“0”时表示进行写操作，为“1”时表示读操作。

表 8-1　日历、时钟寄存器与控制字对照表

寄存器名称	1	RAM/CK	A4	A3	A2	A1	A0	RD/W
秒寄存器	1	0	0	0	0	0	0	
分寄存器	1	0	0	0	0	0	1	
小时寄存器	1	0	0	0	0	1	0	
日寄存器	1	0	0	0	0	1	1	
月寄存器	1	0	0	0	1	0	0	
星期寄存器	1	0	0	0	1	0	1	

（续表）

寄存器名称	1	RAM/CK	A4	A3	A2	A1	A0	RD/W
年寄存器	1	0	0	0	1	1	0	
写保护寄存器	1	0	0	0	1	1	1	
慢充电寄存器	1	0	0	1	0	0	0	
时钟突发寄存器	1	0	1	1	1	1	1	

DS1302 内部寄存器列表如表 8-2 所示。

表 8-2 DS1302 内部主要寄存器分布表

寄存器名称	命令字写读		取值范围	各位的内容
秒寄存器	80H	81H	00—59	CH 10SEC SEC
分寄存器	82H	83H	00—59	0 10MIN MIN
小时寄存器	84H	85H	01—12 或 00—23	12/2 0 A HR HR 4
日寄存器	86H	87H	01—28，29，30，31	0 0 10DATE DATE
月寄存器	88H	89H	01—12	0 0 0 10M MONTH
星期寄存器	8AH	8BH	01—07	0 0 0 0 0DAY
年寄存器	8CH	8DH	00—99	10YEAR YEAR

DS1302 内部的 RAM 分为两类，一类是单个 RAM 单元，共 31 个，每个单元为一个 8 位的字节，其命令控制字为 COH～FDH，其中奇数为读操作，偶数为写操作；再一类为突发方式下的 RAM，此方式下可一次性读写所有的 RAM 的 31 个字节，命令控制字为 FEH（写）、FFH（读）。

我们现在已经知道了控制寄存器和 RAM 的逻辑地址，接着就需要知道如何通过外部接口来访问这些资源。单片机是通过简单的同步串行通讯与 DS1302 通讯的，每次通讯都必须由单片机发起，无论是读还是写操作，单片机都必须先向 DS1302 写入一个命令帧，这个帧的格式如表 8-1 所示，最高位 BIT7 固定为 1，BIT6 决定操作是针对 RAM 还是时钟寄存器，接着的 5 个 BIT 是 RAM 或时钟寄存器在 DS1302 的内部地址，最后一个 BIT 表示这次操作是读操作或是写操作。

物理上，DS1302 的通讯接口由 3 个口线组成，即 RST，SCLK，I/O。其中 RST 从低电平变成高电平启动一次数据传输过程，SCLK 是时钟线，I/O 是数据线。具体的读写时序参考图 8-5，但是请注意，无论是哪种同步通讯类型的串行接口，都是对时钟信号敏感的，而且一般数据写入有效是在上升沿，读出有效是在下降沿（DS1302 正是如此的，但是在芯片手册里没有明确说明），如果不是特别确定，则把程序设计成这样：平时 SCLK 保持低电平，在时钟变动前设置数据，在时钟变动后读取数据，即数据操作总是在 SCLK 保持为低电平的时候，相邻的操作之间间隔有一个上升沿和一个下降沿。如图 8-5 所示。

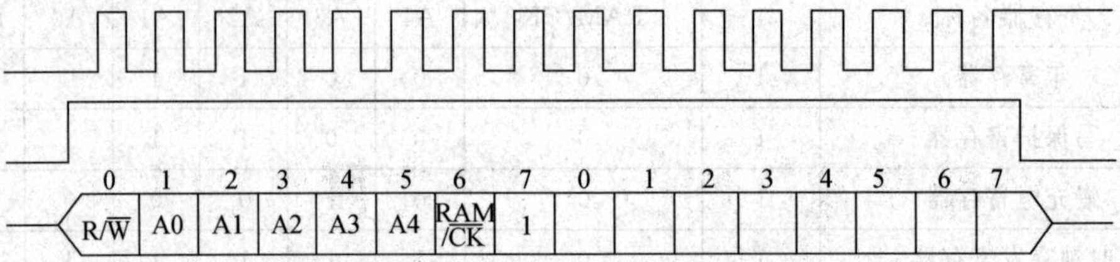

图 8-5　DS1302 的命令字结构

第 9 章　DS18B20—温度传感实例

实例引入

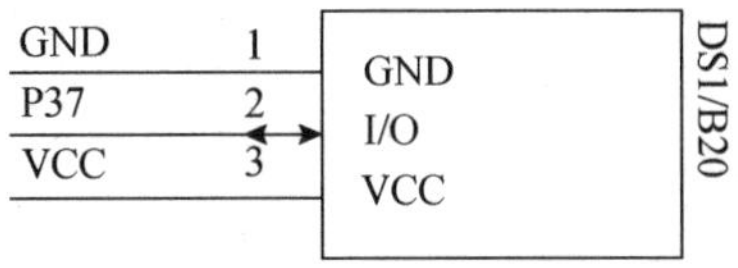

图 9-1　局部原理图

实验任务

1. 通过本例程了解 DS18B20 的基本原理和使用，理解并掌握 18B20 驱动程序的编写；
2. 了解掌握 I2C 总线接口的工作原理及一般编程方法。仿真效果图如图 9-2 所示。

图 9-2　温度传感仿真效果图

C 语言源程序：

```
# pragma SRC
# include < reg52. H>
extern GetTemp();                          //声明引用外部函数
extern unsigned intidata Temperature;      //声明引用外部变量
void delay(unsigned int i);
```

```
sbit LS138A= P2^2;                                //管脚定义
sbit LS138B= P2^3;
sbit LS138C= P2^4;
                                                  //此表为 LED 的字模,共阴数码管 0~ 9
unsigned char code Disp_Tab[]= {0x3f,0x06,0x5b,0x4f,0x66,0x6d,0x7d,0x07,0x7f,0x6f,
0x40};
unsigned long LedOut[5],LedNumVal;

void system_Ini()
{
  TMOD|= 0x11;
  TH1= 0xD8;
  TL1= 0xF0;
  IE= 0x8A;
  TR1= 1;
}
main()
{  unsigned char i;
    system_Ini();
      while(1)
      {
        GetTemp();                                //以下将读 18b20 的数据送到 LED 数码管显示
        LedNumVal= Temperature;                   //把实际温度送到 LedNumVal 变量中
        LedOut[0]= Disp_Tab[LedNumVal% 10000/1000];
        LedOut[1]= Disp_Tab[LedNumVal% 1000/100];
        LedOut[2]= Disp_Tab[LedNumVal% 100/10];
                                                  //十位
        LedOut[3]= Disp_Tab[LedNumVal% 10];
                                                  //个位
      for(i= 0;i< 4;i+ + )
        {
          P0= LedOut[i];
          switch(i)
          {                                       //138 译码
            case 0:LS138A= 0;LS138B= 0;LS138C= 0;break;
            case 1:LS138A= 1;LS138B= 0;LS138C= 0;break;
            case 2:LS138A= 0;LS138B= 1;LS138C= 0;break;
            case 3:LS138A= 1;LS138B= 1;LS138C= 0;break;
          }
```

```
        delay(100);
      }
      P0= 0;
    }
}
void delay(unsigned int i)                          //延时程序
{
  char j;
  for(i;i> 0;i- - )
    for(j= 200;j> 0;j- - );
}
# pragma SRC                                        //此部分为 18B20 的驱动程序
# include < reg52. H>
# include < intrins. h>
sbit D18B20= P3^7;
# define NOP() _nop_()                              //定义空指令
# define _Nop() _nop_()                             //定义空指令
void TempDelay (unsigned char idata us);
void Init18b20 (void);
void WriteByte (unsigned char idata wr);            //单字节写入
void read_bytes (unsigned char idata j);
unsigned char CRC(unsigned char j);
void GemTemp (void);
void Config18b20(void);
void ReadID(void);
void TemperatuerResult(void);
bit flag;
unsigned int idata Temperature;
unsigned char idata temp_buff[9];                   //存储读取的字节,read scratchpad 为 9 字
                                                      节,read rom ID 为 8 字节
unsigned char idata id_buff[8];
unsigned char idata * p,TIM;
unsigned char idata crc_data;
unsigned char code CrcTable [256]=
{0,94,188,226,97,63,221,131,194,156,126,32,163,253,31,65,157,195,33,127,252,162,64,
30,95,1,227,189,62,96,130,220,35,125,159,193,66,28,254,160,225,191,93,3,128,222,60,98,
190,224,2,92,223,129,99,61,124,34,192,158,29,67,161,255,70,24,250,164,39,121,155,197,
132,218,56,102,229,187,89,7,219,133,103,57,186,228,6,88,25,71,165,251,120,38,196,154,
101,59,217,135,4,90,184,230,167,249,27,69,198,152,122,36,248,166,68,26,153,199,37,123,
```

```
58,100,134,216,91,5,231,185,140,210,48,110,237,179,81,15,78,16,242,172,47,113,147,205,
17,79,173,243,112,46,204,146,211,141,111,49,178,236,14,80,175,241,19,77,206,144,114,44,
109,51,209,143,12,82,176,238,50,108,142,208,83,13,239,177,240,174,76,18,145,207,45,115,
202,148,118,40,171,245,23,73,8,86,180,234,105,55,213,139,87,9,235,181,54,104,138,212,
149,203,41,119,244,170,72,22,233,183,85,11,136,214,52,106,43,117,151,201,74,20,246,168,
116,42,200,150,21,75,169,247,182,232,10,84,215,137,107,53};
  void TempDelay (unsigned char idata us)       //延时处理
  {
    while(us- - );
  }
  void Init18b20 (void)                         //18B20 初始化
  {
    D18B20= 1;
    _nop_();
    D18B20= 0;
    TempDelay(80);                              //delay 530 uS// 80
    _nop_();
    D18B20= 1;
    TempDelay(14);                              //delay 100 uS// 14
    _nop_();
    _nop_();
    _nop_();
    if(D18B20= = 0)
      flag = 1;                                 //detect 1820 success!
    else
      flag= 0;                                  //detect 1820 fail!
    TempDelay(20);                              //20
    _nop_();
    _nop_();
    D18B20= 1;
  }
  void WriteByte (unsigned char idata wr)       //向 18B20 写入一个字节
  {
    unsigned char idata i;
    for (i= 0;i< 8;i+ + )
    {
      D18B20= 0;
      _nop_();
      D18B20= wr&0x01;
```

```
    TempDelay(3);                              //delay 45 uS//5
    _nop_();
    _nop_();
    D18B20= 1;
    wr > > = 1;
  }
}
unsigned char ReadByte (void)                  //读 18B20 的一个字节
{
  unsigned char idata i,u= 0;
  for(i= 0;i< 8;i+ + )
  {
    D18B20= 0;
    u> > = 1;
    D18B20= 1;
    if(D18B20= = 1)
    u|= 0x80;
    TempDelay (2);
    _nop_();
  }
  return(u);
}
void read_bytes (unsigned char idata j)        //读 18B20
{
  unsigned char idata i;
  for(i= 0;i< j;i+ + )
  {
    * p = ReadByte();
    p+ + ;
  }
}
unsigned char CRC (unsigned char j)            //CRC 校验
{
  unsigned char idata i,crc_data= 0;
  for(i= 0;i< j;i+ + )                        //查表校验
    crc_data = CrcTable[crc_data^temp_buff[i]];
  return (crc_data);
}
void GemTemp (void)                            //读取温度
```

```
{
  read_bytes (9);
  if (CRC(9)= = 0)                          //校验正确
  {
    Temperature = temp_buff[1]* 0x100+ temp_buff[0];
    Temperature * = 0. 625;
    Temperature /= 16;
    TempDelay(1);
  }
}
void Config18b20 (void)                     //重新配置报警限定值和分辨率
{
    Init18b20();
    WriteByte(0xcc);                        //skip rom
    WriteByte(0x4e);                        //write scratchpad
    WriteByte(0x19);                        //上限
    WriteByte(0x1a);                        //下限
    WriteByte(0x7f);                        //set 12 bit (0. 125)
    Init18b20();
    WriteByte(0xcc);                        //skip rom
    WriteByte(0x48);                        //保存设定值
    Init18b20();
    WriteByte(0xcc);                        //skip rom
    WriteByte(0xb8);                        //回调设定值
}
void ReadID (void)                          //读 18B20ID
{
  Init18b20();
  WriteByte(0x33);                          //read rom
  read_bytes(8);
}
void TemperatuerResult(void)                //18B20ID 全处理
{
  p =  id_buff;
  ReadID();
  Config18b20();
  Init18b20 ();
  WriteByte(0xcc);                          //skip rom
  WriteByte(0x44);                          //Temperature convert
```

```
  Init18b20 ();
  WriteByte(0xcc);                    // skip rom
  WriteByte(0xbe);                    // read Temperature
  p = temp_buff;
  GemTemp();
}
void GetTemp()
{
  if(TIM= = 100)                      //每隔 1000ms 读取温度
  {  TIM= 0;
     TemperatuerResult();
  }


}
void T1zd(void) interrupt 3           //中断
{
  TH1= 0xD8;                          //10
  TL1= 0xF0;
  TIM+ + ;
}
```

知识点

(一) 单总线温度传感器 DS18B20 简介

DS18B20 是 DALLAS 公司生产的单总线式数字温度传感器，它具有微型化、低功耗、高性能、高干扰能力强、易配处理器等优点，特别适用于构成多点温度测控系统，可直接将温度转化成串行数字信号（提供 9 位二进制数字）给单片机处理，且在同一总线上可以挂接多个传感器芯片。它具有 3 引脚 TO-92 小体积封装形式，温度测量范围为－55℃～＋125℃，可编程为 9 位～12 位 A/D 转换精度，测温分辨率可达 0.0625℃，被测温度用符号扩展的 16 位数字量方式串行输出，其工作电源既可在远端引入，也可采用寄生电源方式产生，多个 DS18B20 可以并联到 3 根或 2 根线上，CPU 只需一根端口线就能与多个 DS18B20 通信，占用微处理器的端口较少，可节省大量的引线和逻辑电路。以上特点使 DS18B20 非常适用于远距离多点温度检测系统。

(二) DS18B20 外形及引脚说明

外形及引脚如图 9-3 所示：

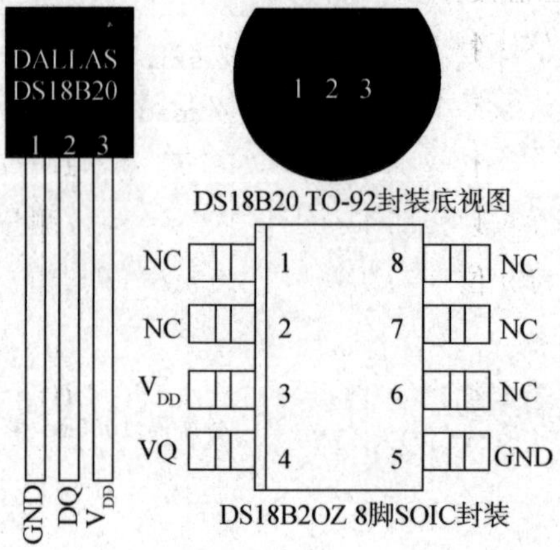

图 9-3 管脚排列图

1（GND）：接地

2（DQ）：单线运用的数据输入输出引脚

3（VDD）：可选的电源引脚

（三）DS18B20 工作过程及时序

DS18B20 内部的低温度系数振荡器是一个振荡频率随温度变化很小的振荡器，为计数器 1 提供一频率稳定的计数脉冲。

高温度系数振荡器是一个振荡频率对温度很敏感的振荡器，为计数器 2 提供一个频率随温度变化的计数脉冲。

初始时，温度寄存器被预置成－55℃，每当计数器 1 从预置数开始减计数到 0 时，温度寄存器中寄存的温度值就增加 1℃，这个过程重复进行，直到计数器 2 计数到 0 时便停止。

初始时，计数器 1 预置的是与－55℃相对应的一个预置值。以后计数器 1 每一个循环的预置数都由斜率累加器提供。为了补偿振荡器温度特性的非线性，斜率累加器提供的预置数也随温度相应变化。计数器 1 的预置数也就是在给定温度处使温度寄存器寄存值增加 1℃计数器所需要的计数个数。

DS18B20 内部的比较器以四舍五入的量化方式确定温度寄存器的最低有效位。在计数器 2 停止计数后，比较器将计数器 1 中的计数剩余值转换为温度值后与 0.25℃进行比较，若低于 0.25℃，温度寄存器的最低位就置 0；若高于 0.25℃，最低位就置 1；若高于 0.75℃时，温度寄存器的最低位就进位然后置 0。这样，经过比较后所得的温度寄存器的值就是最终读取的温度值了，其最后位代表 0.5℃，四舍五入最大量化误差为±1/2LSB，即 0.25℃。

温度寄存器中的温度值以 9 位数据格式表示，最高位为符号位，其余 8 位以二进制补码形式表示温度值。测温结束时，这 9 位数据转存到暂存存储器的前两个字节中，符号位占用第一字节，8 位温度数据占据第二字节。

DS18B20 测量温度时使用特有的温度测量技术。DS18B20 内部的低温度系数振荡器能产生稳定的频率信号；同样的，高温度系数振荡器则将被测温度转换成频率信号。当计数门打开时，DS18B20 进行计数，计数门开通时间由高温度系数振荡器决定。芯片内部还有斜率累加器，可对频率的非线性度加以补偿。测量结果存入温度寄存器中。一般情况下的温度值应该为 9 位，但因符号位扩展成高 8 位，所以最后以 16 位补码形式读出。

DS18B20 工作过程一般遵循以下协议：初始化——ROM 操作命令——存储器操作命令——处理数据。

1. 初始化

单总线上的所有处理均从初始化序列开始。初始化序列包括总线主机发出一复位脉冲，接着由从属器件送出存在脉冲。存在脉冲让总线控制器知道 DS18B20 在总线上且已准备好操作。

2. ROM 操作命令

一旦总线主机检测到从属器件的存在，它便可以发出器件 ROM 操作命令之一。所有 ROM 操作命令均为 8 位长。这些命令如下：

(1) Read ROM（读 ROM）[33h]

此命令允许总线主机读 DS18B20 的 8 位产品系列编码，唯一的 48 位序列号，以及 8 位的 CRC。此命令只能在总线上仅有一个 DS18B20 的情况下可以使用。如果总线上存在多于一个的从属器件，那么当所有从片企图同时发送时将发生数据冲突的现象(漏极开路会产生线与的结果)。

(2) Match ROM（符合 ROM）[55h]

此命令后继以 64 位的 ROM 数据序列，允许总线主机对多点总线上特定的 DS18B20 寻址。只有与 64 位 ROM 序列严格相符的 DS18B20 才能对后继的存贮器操作命令作出响应。所有与 64 位 ROM 序列不符的从片将等待复位脉冲。此命令在总线上有单个或多个器件的情况下均可使用。

(3) Skip ROM（跳过 ROM）[CCh]

在单点总线系统中，此命令通过允许总线主机不提供 64 位 ROM 编码而访问存储器操作来节省时间。如果在总线上存在多于一个的从属器件而且在 Skip ROM 命令之后发出读命令，那么由于多个从片同时发送数据，会在总线上发生数据冲突（漏极开路下拉会产生线与的效果）。

(4) Search ROM（搜索 ROM）[F0h]

当系统开始工作时，总线主机可能不知道单线总线上的器件个数或者不知道其 64 位 ROM 编码。搜索 ROM 命令允许总线控制器用排除法识别总线上的所有从机的 64 位编码。

(5) Alarm Search (告警搜索索) [ECh]

此命令的流程与搜索 ROM 命令相同。但是，仅在最近一次温度测量出现告警的情况下，DS18B20 才对此命令作出响应。告警的条件定义为温度高于 TH 或低于 TL。只要 DS18B20 一上电，告警条件就保持在设置状态，直到另一次温度测量显示出非告警值或者改变 TH 或 TL 的设置，使得测量值再一次位于允许的范围之内。贮存在 EEPROM 内的触发器值用于告警。

3. 存储器操作命令

(1) Write Scratchpad (写暂存存储器) [4Eh]

这个命令向 DS18B20 的暂存器中写入数据，开始位置在地址 2。接下来写入的两个字节将被存到暂存器中的地址位置 2 和 3。可以在任何时刻发出复位命令来中止写入。

(2) Read Scratchpad (读暂存存储器) [BEh]

这个命令读取暂存器的内容。读取将从字节 0 开始，一直进行下去，直到第 9 (字节 8，CRC) 字节读完。如果不想读完所有字节，控制器可以在任何时间发出复位命令来中止读取。

(3) Copy Scratchpad (复制暂存存储器) [48h]

这条命令把暂存器的内容拷贝到 DS18B20 的 E 存储器里，即把温度报警触发字节存入非易失性存储器里。如果总线控制器在这条命令之后跟着发出读时间隙，而 DS18B20 又正在忙于把暂存器拷贝到 E 存储器 DS18B20 就会输出一个“0”，如果拷贝结束的话，DS18B20 则输出“1”。如果使用寄生电源，总线控制器必须在这条命令发出后立即起动强上拉并最少保持 10ms。

(4) Convert T (温度变换) [44h]

这条命令启动一次温度转换而无需其他数据。温度转换命令被执行，而后 DS18B20 保持等待状态。如果总线控制器在这条命令之后跟着发出读时间隙，而 DS18B20 又忙于做时间转换的话，DS18B20 将在总线上输出“0”，若温度转换完成，则输出“1”。如果使用寄生电源，总线控制器必须在发出这条命令后立即起动强上拉，并保持 500ms。

(5) RecallE (重新调整 E) [B8h]

这条命令把贮存在 E 中温度触发器的值重新调至暂存存储器。这种重新调出的操作在对 DS18B20 上电时也自动发生，因此只要器件一上电，暂存存储器内就有了有效的数据。在这条命令发出之后，对于所发出的第一个读数据时间片，器件会输出温度转换忙的标识：“0” =忙，“1” =准备就绪。

(6) Read Power Supply (读电源) [B4h]

对于在此命令发送至 DS18B20 之后所发出的第一读数据的时间片，器件都会给出其电源方式的信号：“0” =寄生电源供电，“1” =外部电源供电。

4. 处理数据

DS18B20 的高速暂存存储器由 9 个字节组成，其分配如图 9-4 所示。当温度转换命令发布后，经转换所得的温度值以二字节补码形式存放在高速暂存存储器的第 0 和第 1 个字节。单片机可通过单线接口读到该数据，读取时低位在前，高位在后。

温度低位	温度高位	TH	TL	配置	保留	保留	保留	8位CRC

LSB　　　　　　　　　　　　　　　　　　　　MSB

图 9-4 高速暂存存储器分配图

下表 9-1 是 DS18B20 温度采集转化后得到的 12 位数据，存储在 DS18B20 的两个 8 比特的 RAM 中，二进制中的前面 5 位是符号位，如果测得的温度大于或等于 0，这 5 位为 0，只要将测到的数值乘于 0.0625 即可得到实际温度；如果温度小于 0，这 5 位为 1，测到的数值需要取反加 1 再乘于 0.0625 即可得到实际温度。

表 9-1 DS18B20 温度数据表

温度	二进制表示												十六进制表示
	符号位（5 位）	数据位（11 位）											
+125	0 0 0 0 0	1	1	1	1	1	0	1	0	0	0	0	07D0H
+25.0625	0 0 0 0 0	0	0	1	1	0	0	1	0	0	0	1	0191H
+10.125	0 0 0 0 0	0	0	0	1	0	1	0	0	0	1	0	00A2H
+0.5	0 0 0 0 0	0	0	0	0	0	0	0	1	0	0	0	0008H
0	0 0 0 0 0	0	0	0	0	0	0	0	0	0	0	0	0000H
−0.5	1 1 1 1 1	1	1	1	1	1	1	1	1	0	0	0	FFF8H
−10.125	1 1 1 1 1	1	1	1	0	1	0	1	1	1	1	0	FF5EH
−25.625	1 1 1 1 1	1	1	0	0	1	1	0	1	1	1	1	FE6FH
−55	1 1 1 1 1	1	0	0	1	0	0	1	0	0	0	0	FC90H

温度转换计算方法举例：

例如当 DS18B20 采集到＋125℃的实际温度后，输出为 07D0H，

则：实际温度＝07D0H × 0.0625＝2000 × 0.0625＝1250C。

例如当 DS18B20 采集到－55℃的实际温度后，输出为 FC90H，则应先将 11 位数据位取反加 1 得 370H（符号位不变，也不作为计算），

则：实际温度＝370H × 0.0625＝880 × 0.0625＝55C。

第 10 章　步进电机实例

实例引入

步进电机是一种将电脉冲转化为角位移的执行机构。当步进驱动器接收到一个脉冲信号，它就驱动步进电机按设定的方向转动一个固定的角度（称为“步距角”），它的旋转是以固定的角度一步一步运行的。可以通过控制脉冲个数来控制角位移量，从而达到准确定位的目的；同时可以通过控制脉冲频率来控制电机转动的速度和加速度，从而达到调速的目的。它涉及机械、电机、电子及计算机等许多专业知识。步进电机局部原理图如图 10-1 所示。

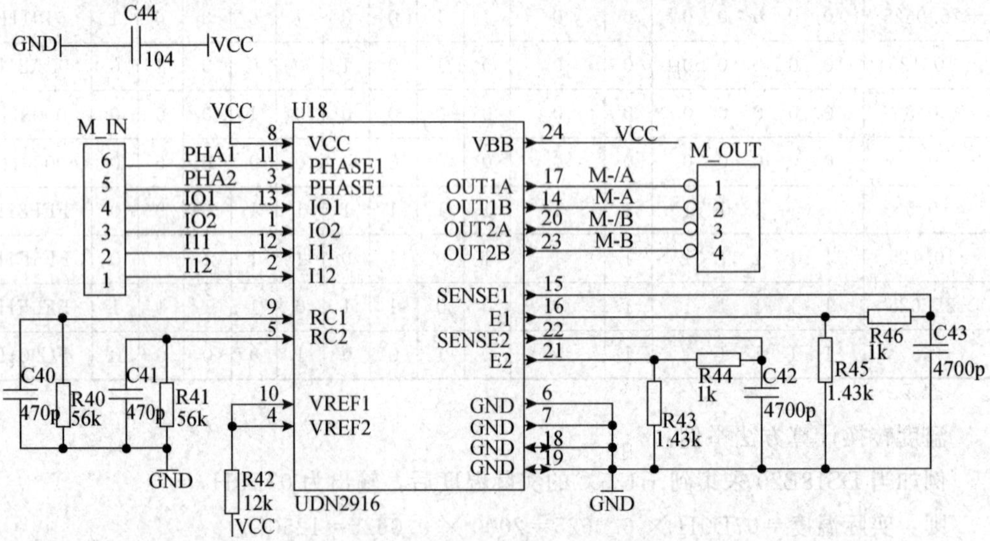

图 10-1　步进电机局部原理图

实验任务

1. 了解步进马达使用及驱动程序编写；
2. 了解步进电机驱动芯片 UDN2916LB，仿真效果图如图 10-2 所示。

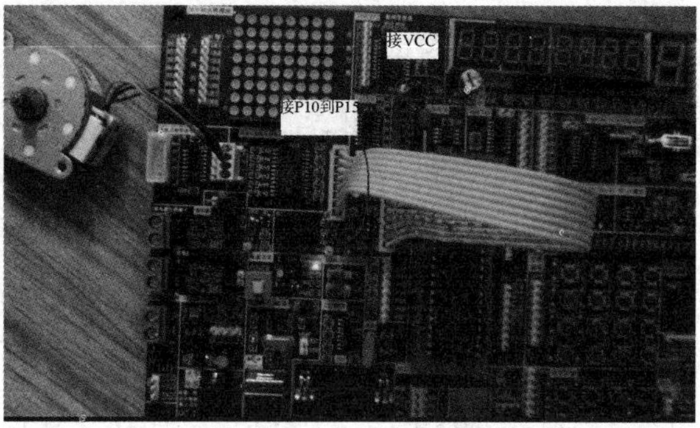

图 10-2 步机电机仿真效果图

C 语言源程序:

```
/* 标题:步进电机试验一(双极性步进电机),单相四拍通电驱动时序(正转 A/BAB/反转 B/ABA/) * /
# include "reg51.h"
# define speed 2
sbit PH1= P1^0;                        //定义管脚
sbit PH2= P1^1;
sbit I01= P1^2;
sbit I11= P1^3;
sbit I02= P1^4;
sbit I12= P1^5;
void delay(int time);
                                       //函数功能:产生单相四拍脉冲控制步进机//
void Go()
{                                      //A
    PH1= 0;                            //PH1 为 0  则 A 线圈为反向电流
    I01= 0;
    I11= 0;                            //以最大电流输出
    PH2= 0;                            //PH2 为 0  则 B 线圈为反向电流
    I02= 1;
    I12= 1;                            //输出 0
    delay(speed);
    //0
    PH1= 0;                            //PH1 为 0  则 A 线圈为反向电流
    I01= 1;                            //输出 0
    I11= 1;
    PH2= 1;                            //PH2 为 1  则 B 线圈为正电流
    I02= 0;                            //以最大电流输出
```

```
    I12= 0;
    delay(speed);
    //B
    PH1= 1;                                  //PH1为1 则A线圈为正向电流
    I01= 0;                                  //以最大电流输出
    I11= 0;
    PH2= 1;                                  //PH2为1 则B线圈为正向电流
    I02= 1;                                  //输出0
    I12= 1;
    delay(speed);
    //0
    PH1= 1;                                  //PH1为1 则A线圈为正向电流
    I01= 1;
    I11= 1;
    PH2= 0;                                  //PH2为0 则B线圈为反向电流
    I02= 0;
    I12= 0;
    delay(speed);
}
//延时函数//
void delay(int time)
{
  int i,j;

  for(j= 0;j< = time;j+ + )
    for(i= 0;i< = 120;i+ + );
}
void main()
{
  while(1)
  {
    Go();                                    //步进电机运行
  }
}
```

知识点

（一）步进电机介绍

步进电机可以作为一种控制用的特种电机，步进电机实物图如图 10-3 所示，步进电机剖视图如图 10-4 所示。

普通步进电机

减速步进电机

直线步进电机

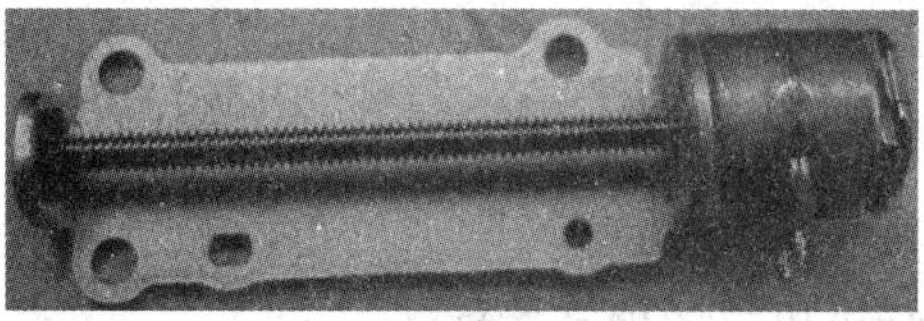

微型步进电机

图 10-3 电机实物图

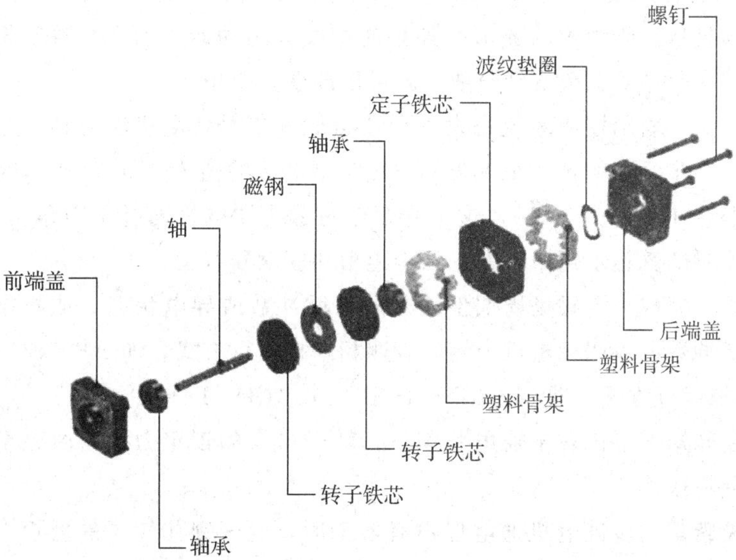

图 10-4 步进电机剖视图

利用其没有积累误差（精度为 100%）的特点，广泛应用于各种开环控制。虽然步进电机应用广泛，但它并不像普通的直流和交流电机那样在常规状态下使用，它必须由双环形脉冲信号、功率驱动电路等组成控制系统方可使用。因此，用好步进电机也非易事。

(二) 步进电机分类

1. 永磁式（PM）

一般为二相，转矩和体积较小，步距角一般为7.5°或15°。

2. 反应式（VR）

一般为三相，可实现大转矩输出。步距角一般为1.5°，但噪声和振动都很大。在欧美等发达国家20世纪80年代已经淘汰。

3. 混合式（HB）

指混合了永磁式和反应式的优点。它又分为二相和五相，二相步距角一般为180°，而五相步距角一般为0.72°。这种步进电机的应用最为广泛。

(三) 技术指标

1. 步进电机的静态指标

(1) 相数－电机内部的线圈组数。目前常用的有二相、三相、四相、五相步进电机。电机相数不同，其步距角也不同。一般二相电机的步距角为0.9°/1.8°，三相为0.75°/1.5°、五相为0.36°/0.72°。在没有细分驱动器时，用户主要靠选择不同相数的步进电机来满足自己步距角的要求．如果使用细分驱动器，则“相数”将变得没有意义，用户只需在驱动器上改变细分数，就可以改变步距角。

(2) 步距角－表示控制系统每发一个步进脉冲信号，电机所转动的角度。电机出厂时给出了一个步距角的值，如86BYG250A型电机的值为0.9°/1.8°（表示半步工作时为0.9°、整步工作时为1.8°），这个步距角可称为“电机固有步距角”，它不一定是电机实际工作时的真正步距角，真正的步距角和驱动器有关。

(3) 拍数－完成一个磁场周期性变化所需脉冲数或导电状态．或指电机转过一个步距角所需脉冲数。以四相电机为例，有四相四拍运行方式，即AB－BC－CD－DA－AB：四相八拍运行方式，即A－AB－B－BC－C－CD－D－DA－A

(4) 定位转矩－电机在不通电状态下，转子自身的锁定力矩（由磁场齿形的谐波以及机械误差造成）。

(5) 保持转矩－步进电机通电但没有转动时，定子锁住转子的力矩。它是步进电机最重要的参数之一，通常步进电机在低速时的力矩接近保持转矩。由于步进电机的输出力矩随速度的增大而不断衰减，输出功率也随速度的增大而变化，所以保持转矩就成了衡量步进电机最重要参数之一。比如，当人们说2N·m的步进电机时，在没有特殊说明的情况下，是指保持转矩为2N·m的步进电机。

2. 步进电机的动态指标

(1) 步距角精度－步进电机每转过一个步距角的实际值与理论值的误差，用百分比表示：误差/步距角 X100%。不同运行拍数其值不同，四拍运行时应在 5%之内，八拍运行时应在 15%以内。

(2) 失步－电机运转时运转的步数不等于理论上的步数，称为失步。

(3) 失调角－转子齿轴线偏移定子齿轴线的角度，电机运转必存在失调角，由失调角产生的误差，采用细分驱动是不能解决的。

最大空载起动频率－电机在某种驱动形式、电压及额定电流下，在不加负载的情况下，能够直接起动的最大频率。最大空载运行频率－电机在某种驱动形式、电压及额定电流下，电机不带负载的最高转速频率。

运行矩频特性－电机在某种测试条件件下，测得运行中输出力矩与频率关系的曲线称为运行矩频特性。它是电机诸多动态曲线中最重要的，也是电机选择的根本依据，如图 10-5 所示。电机一旦选定，电机的静力矩确定，而动态力矩却不然，电机的动态力矩取决于电机运行时的平均电流（而非静态电流），平均电流越大，电机输出力矩越大，即电机的频率特性越硬。

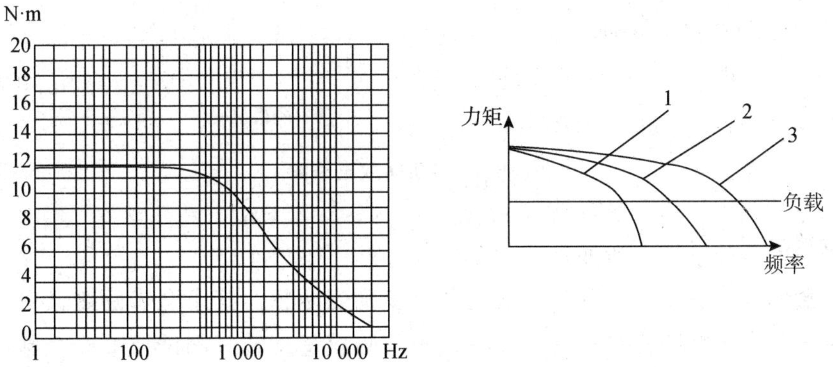

图 10-5 力矩与频率关系曲线

其中，曲线 3 电流最大或电压最高；曲线 I 电流最小或电压最低，曲线与负载的交点为负载的最大速度点。要使平均电流大，尽可能提高驱动电压，或采用小电感大电流的电机。

(4) 电机的共振点－步进电机均有固定的共振区域，其共振区一般在 50r/min－80r/min 或在 180r/min 左右。电机驱动电压越高，电机电流越大，负载越轻，电机体积越小。则共振区向上偏移，反之亦然。为使电机输出电矩大、不失步且整个系统的噪声降低，一般工作点均应偏移共振区较多。因此，在使用步进电机时应避开此共振区。

(四) 步进电机工作原理

步进电机是一种将电脉冲转换成相应角位移或线位移的电磁机械装置。它具有快速启、停能力，在电机的负荷不超过它能提供的动态转矩时，可以通过输入脉冲来控制它在一瞬间的启动或停止。步进电机的步距角和转速只和输入的脉冲频率有关，和环境温度、气压、振动无关，也不受电网电压的波动和负载变化的影响。因此，步进电机多应用在需要精确定位的场合。

1. 工作原理

步进电机有三线式、五线式和六线式，但其控制方式均相同，都要以脉冲信号电流来驱动。假设每旋转一圈需要 200 个脉冲信号来励磁，可以计算出每个励磁信号能使步进电机前进 1.8°。其旋转角度与脉冲的个数成正比。步进电动机的正、反转由励磁脉冲产生的顺序来控制。六线式四相步进电机是比较常见的，它的控制等效电路如图 10-6 所示。它有 4 条励磁信号引线 A，/A，B，/B 通过控制这 4 条引线上励磁脉冲产生的时刻，即可控制步进电机的转动。每出现一个脉冲信号，步进电机只走一步。因此，只要依序不断送出脉冲信号，步进电机就能实现连续转动。

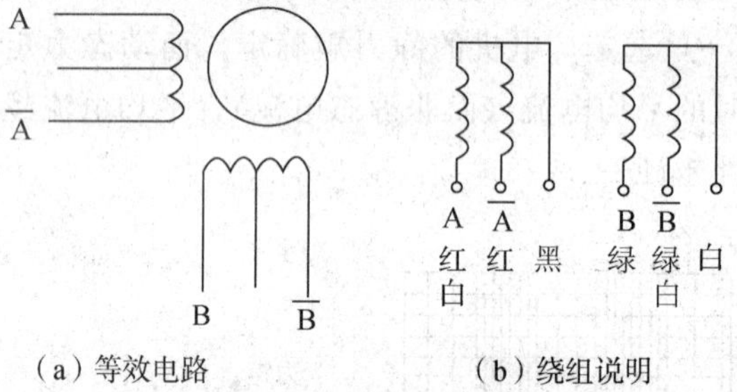

图 10-6　电机等效电路图

2. 励磁方式

步进电机的励磁方式分为全步励磁和半步励磁两种。其中全步励磁又有一相励磁和二相励磁之分；半步励磁又称一二相励磁。假设每旋转一圈需要 200 个脉冲信号来励磁，可以计算出每个励磁信号能使步进电动机前进 1.8°，简要介绍如下。

(1) 一相励磁－在每一瞬间，步进电机只有一个线圈导通．每送一个励磁信号，步进电机旋转 1.8，一相励磁顺序表如表 10-1 所示，这是三种励磁方式中最简单的一种。

其特点是：精确度好、消耗电力小，但输出转矩最小，振动较大。如果以该方式控制步进电机正转，对应的励磁顺序如表 10-1 所示。若励磁信号反向传送，则步进电机反转。表 10-1 中的 1 和 0 表示送给电机的高电平和低电平。

表 10-1　一相励磁顺序表

STEP	A	B	$\overline{A}$	$\overline{B}$
1	1	0	0	0
2	0	1	0	0
3	0	0	1	0
4	0	0	0	1

(2) 二相励磁－在每一瞬间，步进电动机有两个线圈同时导通。每送一个励磁信

号，步进电机旋转1.8，二相励磁顺序表如表10-2所示。

其特点是：输出转矩大，振动小，因而成为目前使用最多的励磁方式。如果以该方式控制步进电机正转，对应的励磁顺序见表10-2。若励磁信号反向传送，则步进电机反转。

表10-2 二相励磁顺序表

STEP	A	B	$\overline{A}$	$\overline{B}$
1	1	1	0	0
2	0	1	1	0
3	0	0	1	0
4	1	0	0	1

(3) 一二相励磁一为一相励磁与二相励磁交替导通的方式。每送一个励磁信号，步进电机旋转0.9，一二相励磁顺序表如表10-3所示。

其特点是：分辨率高，运转平滑，故应用也很广泛。如果以该方式控制步进电机正转，对应的励磁顺序见表10-3所示。若励磁信号反向传送，则步进电机反转。

表10-3 一二相励磁顺序表

STEP	A	B	$\overline{A}$	$\overline{B}$
1	1	0	0	0
2	1	1	0	0
3	0	1	0	0
4	0	1	1	0
5	0	0	1	0
6	0	0	1	1
7	0	0	0	1
8	1	0	0	1

(五) 步进电机的驱动

步进电机的驱动可以选用专用的电机驱动模块，如L298，FF5754等，这类驱动模块接口简单，操作方便，它们既可驱动步进电机，也可驱动直流电机。除此之外，还可利用三极管自己搭建驱动电路。不过这样会非常麻烦，可靠性也会降低。本实例采用电机驱动芯片UDN2916。

(六) 电机驱动芯片 UDN2916

UDN2916LB是SANKEN公司推出的一款两相步进电机双极驱动集成电路，能够驱动双绕组双极步进电机，特别适用于目前国内税控市场双步进微型打印机电机的控制。

UDN2916LB 适用的电机电压范围为 10～45V，逻辑电压不能超过 7V；通过内部脉宽调制控制器（PWM）可实现最大 750mA 的输出电流；内置 1/3 和 2/3 分割器；逻辑输入实现 1 相/2 相/W1－2phase 激励模式；内置过热和交叉电流保护功能；集成钳位二极管；内置防止低压误操作等保护功能。UDN2916LB 内部结构如图 10-7 所示，芯片有两组电路构成，每组电路由 PWM 控制器、电桥及辅助电路组成。

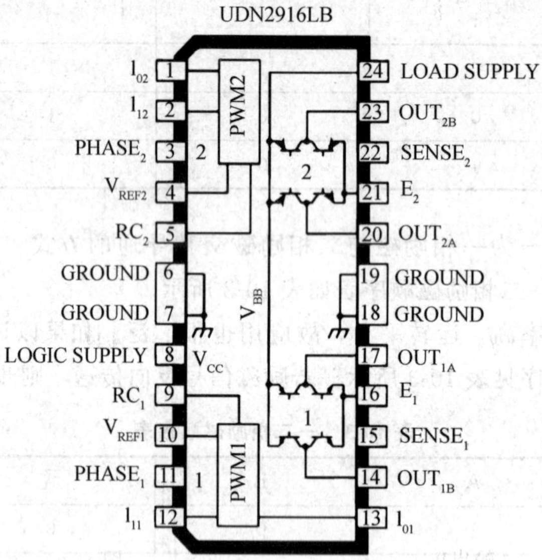

图 10-7　UDN2916LB 内部结构框图

1. PWM 电流控制电路

每个 PWM 控制器由一组电桥、一个外部检测电阻（RS）、一个内部比较器和一个多谐振荡器组成，来独立检测和控制输出电流，如图 10-8 所示。

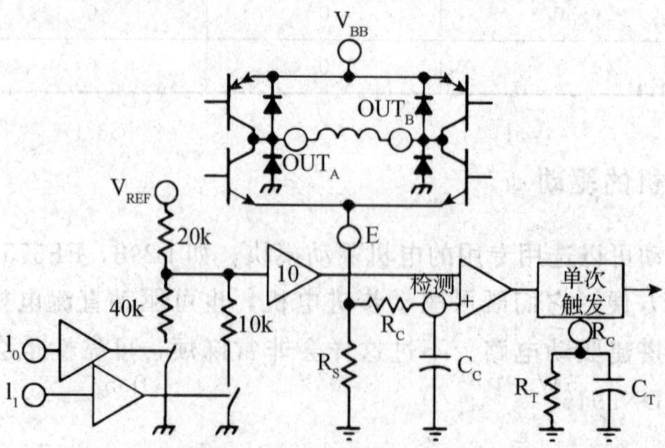

图 10-8　PWM 电流控制电路

当电桥导通时，电机线圈中电流开始增大，电流通过外部检测电阻产生的检测电压也在增大。当检测电压达到比较器输入端设定电压值时，线圈中电流 ITRIP＝VREF/10RS，这时比较器触发单稳态关闭电桥的源驱动。内部逻辑和转换开关的延迟（td）典型值为 2μs，这种延迟会导致实际负载电流峰值稍高于理论值。当电桥关闭后，电机电流开始衰减，通过地钳位二极管和接收晶体管回流。源驱动关闭时间 toff 由单稳态的外部 RC 决定，toff＝RTCT，一般 RT 取值范围在 20～100kΩ，CT 取值范围在 100～1000pf。PWM 输出电流波形见图 10-9 所示，负载电流路径见图 10-10 所示。

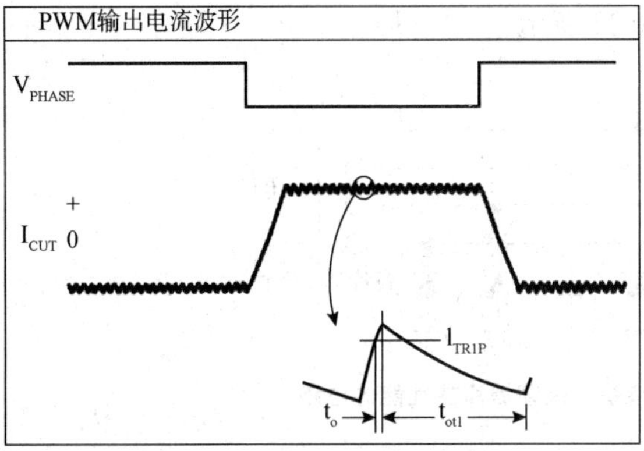

图 10-9 PWM 输出电流波形

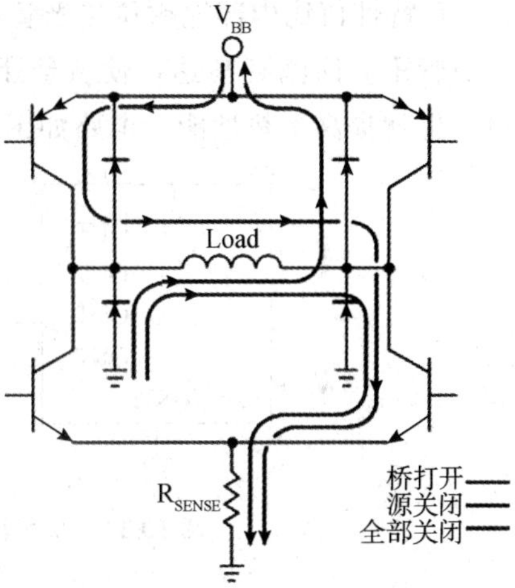

图 10-10 负载电流路径

芯片 5 脚和 9 脚外接电阻 RT 和电容 CT，RT 和 CT 组成的 RC 电路产生固定频率信号，作为内部单稳多谐振荡器的振荡源，该振荡器和比较器共同作用将采样的电流大小反应到源输出端。当电流值达到理论设定值时，源输出端变为无效，当电流值小于理论设定值时，源输出端变为有效。其中 RC 参数选择比较重要，设计时往往会忽略其参数要求。如使用不当，会引起芯片烧坏，或发出噪声等异常现象。

实际电路设计应用中，对 RT 和 CT 参数取值容易忽略，RT 取值精度应不低于 1％，CT 应选用 NPO 类型和精度不低于 5％的电容，这样可以有效固定 toff 时间，达到电流的最佳控制。而采样电阻取值大小决定了步进电机线圈电流的大小，电阻大了，则线圈电流太小，步进电机驱动无力；电阻小了，则线圈电流太大，会烧坏步进电机线圈。UDN2916LB 最大输出电流 Ioutput＝0.75A。

假设采样电阻 Rs 使用 1.0Ω 高精度电阻，参考电压取最大为 5V 时，要求最大输出电流 IOUTPUT＝VREF/（10×RS）＝5/（10×1）＝0.5A。电阻功率 P＝I2R＝0.5×0.5×1＝0.25W＜0.5W。因此，采样电阻 Rs 功率用 0.5W 就够了。

2. 输出电流的逻辑控制

两个输入逻辑信号（I0 和 I1）用于选择电机线圈电流，可设定为最大电流的 100％、67％、33％或 0％。0％的输出电流值说明电桥关闭了所有驱动，并且也作为一个输出特性。

3. 减少和分散功耗

UDN2916LB电路设计时需要充分考虑热设计，因为驱动IC消耗的大部分能量主要为在突变关闭期间马达再生电流造成，马达产生的再生电流流过电流检测电阻和地钳制二极管重新流回马达，产生的电压跌落引起了能量消耗，地钳位二极管上的瞬时电压（VF）出现了最大的跌落，产生了主要的功耗。

设计电路时，如果在驱动IC输出端外加肖特基二极管，并且只要这些肖特基二极管的VF特性值比内部地钳位二极管小，马达产生的再生电流将会有一部分从外部肖特基二极管重新回流到马达，使流经驱动IC内部的电流减少，降低了驱动IC的功耗，反过来也就提高了热性能。电路如图10-11所示。

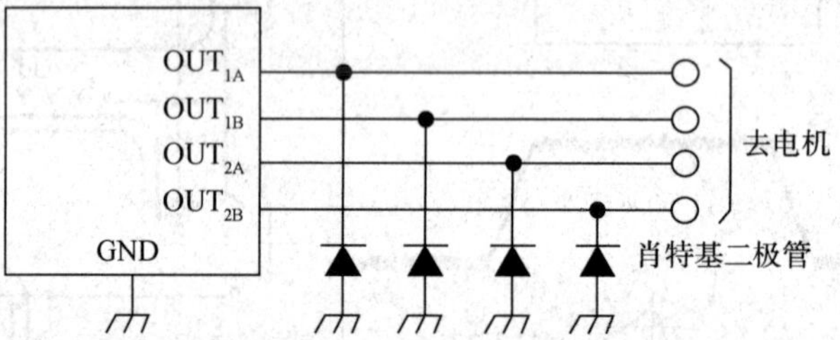

图 10-11　采用肖特基二极管提高热性能的电路

4. 电路及地的布线图示例

由于UDN2916LB是一种斩波式电源驱动IC，设计时需要特别注意周围地的布线。可独立作为模拟地和数字地单点连接，也可用低阻抗的大面积敷铜板做为地，如图10-12所示。

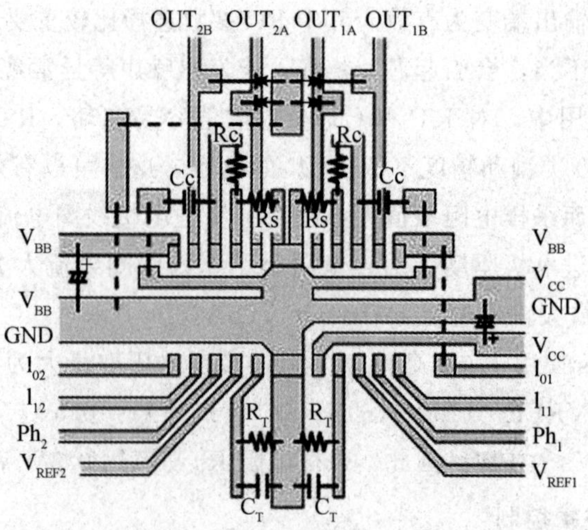

图 10-12　电路及地的布线图示例

第 11 章　红外线遥控实例

实例引入

红外线遥控成本低，安全可靠，不会产生电器干扰，因此，在家电设备及其他近距离的遥控中得到广泛应用。红外线遥控是目前使用最广泛的一种通信和遥控方式。由于红外线遥控装置具有体积小、功耗低、成本低等特点，因而，继彩电、录像机之后，在录音机、音响设备、空调机以及玩具等其他小型电器装置上也被纷纷采用。

本章实现利用 LCD1602 显示红外遥控键值读取器。电路原理图如图 11-1 所示。

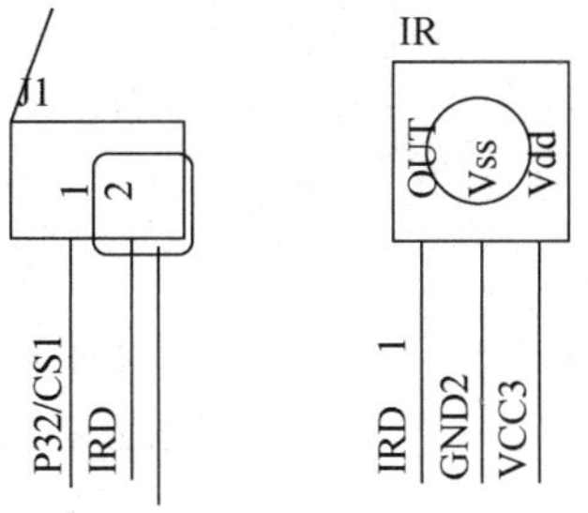

图 11-1　局部原理图

实验任务 1：

LCD1602 显示遥控键值读取器。仿真效果图如图 11-2 所示。

图 11-2　LCD1602 显示遥控键值仿真效果图

C 语言源程序 1:

```
# include < reg51. h>
# include < intrins. h>
# define NOP() _nop_()                                  //定义空指令
# define uchar unsigned char
# define uint unsigned int
# define delayNOP();{_nop_();_nop_();_nop_();_nop_();};
void delay(uchar x);                                    //x* 0. 14MS
void delay1(int ms);
void beep(void);
sbit IRIN= P3^2;                                        //红外接收器数据线
sbit RELAY= P1^4;                                       //继电器驱动线
sbit BEEP= P1^5;                                        //蜂鸣器驱动线
uchar IRCOM[7];
uchar cdis1[]= {"  REMOTE  CONTROL  "};
uchar cdis2[]= {"  IR- CODE:  - - - - H"};
                                                        //LCD  IO
sbit LCD_RW= P2^5;
sbit LCD_RS= P2^6;
sbit LCD_EN= P2^7;
unsigned char Y0;
bit lcd_busy()                                          //检查 LCD 忙状态
                                                        //lcd_busy 为 1 时为忙,等待。lcd_busy 为 0
                                                          时为闲,可写指令与数据。
{
  bit result;
  LCD_RS= 0;
  LCD_RW= 1;
  LCD_EN= 1;
  delayNOP();
  result = (bit)(P0&0x80);
  LCD_EN= 0;
  return(result);
}
void lcd_wcmd(uchar cmd)                                //写指令数据到 LCD
                                                        //RS= L,RW= L,E= 高脉冲,D0- D7= 指令码。
{
  while(lcd_busy());
  LCD_RS= 0;
```

```
  LCD_RW= 0;
  LCD_EN= 0;
  _nop_();
  _nop_();
  P0= cmd;
  delayNOP();
  LCD_EN= 1;
  delayNOP();
  LCD_EN= 0;
}
void lcd_wdat(uchar dat)                         //写显示数据到 LCD
                                                 //RS= H,RW= L,E= 高脉冲,D0- D7= 数据
{
  while(lcd_busy());
  LCD_RS= 1;
  LCD_RW= 0;
  LCD_EN= 0;
  P0= dat;
  delayNOP();
  LCD_EN= 1;
  delayNOP();
  LCD_EN= 0;
}
void lcd_init()                                  //LCD 初始化设定
{
  delay1(15);
  lcd_wcmd(0x38);                                //16* 2 显示,5* 7 点阵,8 位数据
  delay1(5);
  lcd_wcmd(0x38);
  delay1(5);
  lcd_wcmd(0x38);
  delay1(5);
  lcd_wcmd(0x0c);                                //显示开,关光标
  delay1(5);
  lcd_wcmd(0x06);                                //移动光标
  delay1(5);
  lcd_wcmd(0x01);                                //清除 LCD 的显示内容
  delay1(5);
}
```

```
void lcd_pos(uchar pos)                          //设定显示位置
{
  lcd_wcmd(pos | 0x80);                          //数据指针= 80+ 地址变量
}
main()
{
  uchar m;
  IE= 0x81;                                      //允许总中断中断,使能 INT0 外部中断
  TCON= 0x01;                                    //触发方式为脉冲负边沿触发
  IRIN= 1;                                       //I/O 口初始化
  BEEP= 1;
  RELAY= 1;
  delay1(10);                                    //延时
  lcd_init();                                    //初始化 LCD
  lcd_pos(0);                                    //设置显示位置为第一行的第 1 个字符
    m= 0;
  while(cdis1[m]! = '\0')
    {                                            //显示字符
      lcd_wdat(cdis1[m]);
      m+ + ;
    }
  lcd_pos(0x40);                                 //设置显示位置为第二行第 1 个字符
    m= 0;
    while(cdis2[m]! = '\0')
    {
      lcd_wdat(cdis2[m]);                        //显示字符
      m+ + ;
    }
    while(1);
}
void IR_IN(void) interrupt 0                     //外部中断服务程序
{
  unsigned char j,k,N= 0;
    EX0= 0;
    delay(15);
    if (IRIN= = 1)
      { EX0= 1;
        return;
      }                                          //确认 IR 信号出现
```

```
  while (! IRIN)                          //等 IR 变为高电平,跳过 9ms 的前导低电平
                                            信号
    {delay(1);}
for (j= 0;j< 4;j+ + )                    //收集四组数据
{
  for (k= 0;k< 8;k+ + )                  //每组数据有 8 位
    {
      while (IRIN)                        //等 IR 变为低电平,跳过 4.5ms 的前导高电平
                                            信号。
        {delay(1);}
      while (! IRIN)                      //等 IR 变为高电平
        {delay(1);}
      while (IRIN)                        //计算 IR 高电平时长
        {
      delay(1);
      N+ + ;
      if (N> = 30)
      {  EX0= 1;
        return;}                          //0.14ms 计数过长自动离开。
      }                                   //高电平计数完毕
      IRCOM[j]= IRCOM[j]> > 1;            //数据最高位补"0"
      if (N> = 8) {IRCOM[j]= IRCOM[j]|0x80;} //数据最高位补"1"
      N= 0;
  }
}
  if (IRCOM[2]! = ~ IRCOM[3])
  {  EX0= 1;
    return;}
  IRCOM[5]= IRCOM[2]&0x0F;                //取键码的低四位
  IRCOM[6]= IRCOM[2]> > 4;                //右移 4 次,高四位变为低四位
  if(IRCOM[5]> 9)
    {  IRCOM[5]= IRCOM[5]+ 0x37;}
  else
    IRCOM[5]= IRCOM[5]+ 0x30;
  if(IRCOM[6]> 9)
  {  IRCOM[6]= IRCOM[6]+ 0x37;}
  else
      IRCOM[6]= IRCOM[6]+ 0x30;
    lcd_pos(0x4b);
```

```
    lcd_wdat(IRCOM[6]);                          //第一位数显示
    lcd_pos(0x4c);
    lcd_wdat(IRCOM[5]);                          //第二位数显示
    Y0= 0;
    switch(IRCOM[2])
    {
      case 0x09:Y0= 0x01;break;
      case 0x1D:Y0= 0x02;break;
      case 0x1F:Y0= 0x03;break;
      case 0x0D:Y0= 0x04;break;
      case 0x19:Y0= 0x05;break;
      case 0x1B:Y0= 0x06;break;
      case 0x11:Y0= 0x07;break;
      case 0x15:Y0= 0x08;break;
      case 0x17:Y0= 0x09;break;
      case 0x13:RELAY= 1;break;
      case 0x14:RELAY= 1;break;
      case 0x51:RELAY= 0;break;
    }
    if(Y0&0x01)RELAY= 0;                         //打开继电器
    else RELAY= 1;                               //关闭继电器
    beep();
    EX0= 1;
}
void beep(void)
{
  unsigned char i;
  for (i= 0;i< 100;i+ + )
    {
    delay(4);
    BEEP= ! BEEP;                                //BEEP 取反
    }
    BEEP= 1;                                     //关闭蜂鸣器
}
void delay(unsigned char x)                      //x* 0.14MS
{
  unsigned char i;
    while(x- - )
    {
```

```
      for (i= 0;i< 13;i+ + ) {}
    }
}
void delay1(int ms)
{
  unsigned char y;
  while(ms- - )
  {
    for(y = 0;y< 250;y+ + )
    {
      _nop_();
      _nop_();
      _nop_();
      _nop_();
    }
  }
}
```

实验任务 2：

LCD1602 显示遥控键值读取器。仿真效果图如图 11-3 所示。

图 11-3　LCD1602 显示遥控键值读取值仿真效果图

C 语言源程序 2：

```
# include < reg51. h>
# include < intrins. h>
# define uchar unsigned char
# define uint unsigned int
# define delayNOP();{_nop_();_nop_();_nop_();_nop_();};

v oid delay(uchar x);                          //x* 0. 14MS
void delay1(int ms);
```

```
void beep();
sbit IRIN= P3^2;                        //红外接收器数据线
sbit BEEP= P1^5;                        //蜂鸣器驱动线
sbit RELAY= P1^4;                       //继电器驱动线
uchar IRCOM[7];
sbit LCD_RS= P2^6;
sbit LCD_RW= P2^5;
sbit LCD_EN= P2^7;
uchar code cdis1[]= {"  Red Control "};
uchar code cdis2[]= {"  IR- CODE:  - - H  "};
bit lcd_busy()                          //检查 LCD 忙状态
                                        //lcd_busy 为 1 时为忙,等待。lcd- busy 为
                                          0 时为闲,可写指令与数据
{
  bit result;
  LCD_RS= 0;
  LCD_RW= 1;
  LCD_EN= 1;
  delayNOP();
  result = (bit)(P0&0x80);
  LCD_EN= 0;
  return(result);
}
void lcd_wcmd(uchar cmd)                //写指令数据到 LCD
                                        //RS= L,RW= L,E= 高脉冲,D0- D7= 指令码
{
  while(lcd_busy());
  LCD_RS= 0;
  LCD_RW= 0;
  LCD_EN= 0;
  _nop_();
  _nop_();
  P0= cmd;
  delayNOP();
  LCD_EN= 1;
  delayNOP();
  LCD_EN= 0;
}
void lcd_wdat(uchar dat)                //写显示数据到 LCD
```

```
                                          //RS= H,RW= L,E= 高脉冲,D0- D7= 数据
{
  while(lcd_busy());
  LCD_RS= 1;
  LCD_RW= 0;
  LCD_EN= 0;
  P0= dat;
  delayNOP();
  LCD_EN= 1;
  delayNOP();
  LCD_EN= 0;
}
void lcd_init()                           //LCD 初始化设定
{
  delay1(15);
  lcd_wcmd(0x38);                         //16* 2 显示,5* 7 点阵,8 位数据
  delay1(5);
  lcd_wcmd(0x38);
  delay1(5);
  lcd_wcmd(0x38);
  delay1(5);
  lcd_wcmd(0x0c);                         //显示开,关光标
  delay1(5);
  lcd_wcmd(0x06);                         //移动光标
  delay1(5);
  lcd_wcmd(0x01);                         //清除 LCD 的显示内容
  delay1(5);
}
void lcd_pos(uchar pos)                   //设定显示位置
{
  lcd_wcmd(pos | 0x80);                   //数据指针= 80+ 地址变量
}
main()
{
  uchar m;
  IRIN= 1;                                //I/O 口初始化
  BEEP= 1;
  RELAY= 1;
  delay1(10);                             //延时
```

```
  lcd_init();                         //初始化 LCD
  lcd_pos(0);                         //设置显示位置为第一行的第 1 个字符
  m= 0;
  while(cdis1[m]! = '\0')
  {                                   //显示字符
    lcd_wdat(cdis1[m]);
    m+ + ;
  }
  lcd_pos(0x40);                      //设置显示位置为第二行第 1 个字符
    m= 0;
  while(cdis2[m]! = '\0')
    {
      lcd_wdat(cdis2[m]);             //显示字符
      m+ + ;
    }
    IE= 0x81;                         //允许总中断中断,使能 INT0 外部中断
    TCON= 0x01;                       //触发方式为脉冲负边沿触发
    while(1);
}
void IR_IN() interrupt 0 using 0
{
  unsigned char j,k,N= 0;
    EX0= 0;
    delay(15);
    if (IRIN= = 1)
    {  EX0= 1;
    return;
    }                                 //确认 IR 信号出现
  while (! IRIN)                      //等 IR 变为高电平,跳过 9ms 的前导低电平信号。
    {delay(1);}
  for (j= 0;j< 4;j+ + )               //收集四组数据
  {
    for (k= 0;k< 8;k+ + )             //每组数据有 8 位
    {
      while (IRIN)                    //等 IR 变为低电平,跳过 4.5ms 的前导高电平
                                        信号。
        {delay(1);}
      while (! IRIN)                  //等 IR 变为高电平
        {delay(1);}
```

```
    while (IRIN)                                //计算 IR 高电平时长
     {
   delay(1);
   N+ + ;
   if (N> = 30)
   {  EX0= 1;
   return;}                                     //0.14ms 计数过长自动离开。
   }                                            //高电平计数完毕
   IRCOM[j]= IRCOM[j]> > 1;                     //数据最高位补"0"
   if (N> = 8) {IRCOM[j]= IRCOM[j]|0x80;}       //数据最高位补"1"
   N= 0;
   }
  }
   if (IRCOM[2]! = ~ IRCOM[3])
   {  EX0= 1;
     return;}
   IRCOM[5]= IRCOM[2]&0x0F;                     //取键码的低四位
   IRCOM[6]= IRCOM[2]> > 4;                     //右移 4 次,高四位变为低四位
   if(IRCOM[5]> 9)
   {  IRCOM[5]= IRCOM[5]+ 0x37;}
   else
     IRCOM[5]= IRCOM[5]+ 0x30;
   if(IRCOM[6]> 9)
     {  IRCOM[6]= IRCOM[6]+ 0x37;}
   else
     IRCOM[6]= IRCOM[6]+ 0x30;
   lcd_pos(0x4b);
   lcd_wdat(IRCOM[6]);                          //第一位数显示
   lcd_pos(0x4c);
   lcd_wdat(IRCOM[5]);                          //第二位数显示
   beep();
   EX0= 1;
}
void beep()
{
  unsigned char i;
  for (i= 0;i< 100;i+ + )
    {
    delay(4);
```

```
    BEEP= ! BEEP;                          //BEEP 取反
    }
    BEEP= 1;                               //关闭蜂鸣器
}
void delay(unsigned char x)               //x* 0.14MS
{
  unsigned char i;
    while(x- - )
    {
      for (i= 0;i< 13;i+ + ) {}
    }
}
void delay1(int ms)
{
  unsigned char y;
    while(ms- - )
    {
      for(y = 0;y< 250;y+ + )
      {
        _nop_();
        _nop_();
        _nop_();
        _nop_();
      }
    }
}
```

实验任务 3：

数码管显示遥控键值读取器。仿真效果图如图 11-4 所示。

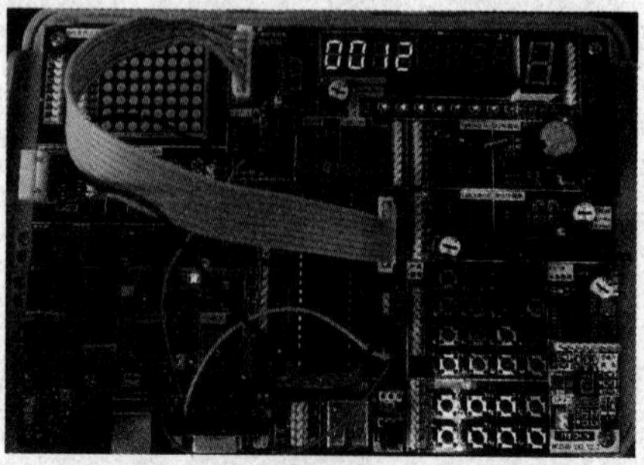

图 11-4　数码管显示遥控键值仿真效果图

C语言源程序3:

```
# include < reg51.h>
# include < intrins.h>
# define NOP() _nop_()                          //定义空指令
                                                //译码器管脚定义
sbit LS138A= P2^2;                              //管脚定义
sbit LS138B= P2^3;
sbit LS138C= P2^4;
                                                //此表为 LED 的字模,共阴数码管 0- 9-
unsigned char code Disp_Tab[]= {0x3F,0x06,0x5B,0x4F,0x66,0x6D,0x7D,0x07,0x7F,0x6F,
0x77,0x7C,0x39,0x5E,0x79,0x71};
unsigned long LedOut[5],LedNumVal;
extern unsigned char IRCOM[7];
void delay(unsigned int i);                     //函数声名
void display(unsigned char Key_Val);
extern void IRInit();                           //extern 是引用 IR.C 中的函数
main()
{
  IRInit();
  while(1)
  {
  //显示红外键码
  display(IRCOM[2]);
  }
}
void delay(unsigned int i)
{
  char j;
  for(i;i> 0;i- - )
    for(j= 200;j> 0;j- - );
}
void display(unsigned char Key_Val)
{
  unsigned char i;
                                                //以下将键值送到 LED 数码管显示
    LedNumVal= Key_Val;                         //把键值送到 LedNumVal 变量中
    LedOut[0]= Disp_Tab[LedNumVal% 10000/1000];
    LedOut[1]= Disp_Tab[LedNumVal% 1000/100];
    LedOut[2]= Disp_Tab[LedNumVal% 100/10];//十位
```

```
  LedOut[3]= Disp_Tab[LedNumVal% 10];    //个位
for(i= 0;i< 4;i+ + )
  {
    P0= LedOut[i];
    switch(i)
      {                                   //138译码
        case 0:LS138A= 0;LS138B= 0;LS138C= 0;break;
        case 1:LS138A= 1;LS138B= 0;LS138C= 0;break;
        case 2:LS138A= 0;LS138B= 1;LS138C= 0;break;
        case 3:LS138A= 1;LS138B= 1;LS138C= 0;break;
      }
    delay(100);
  }
  P0= 0;
}
```

知识点

(一) 红外线通信原理

红外线通信是用近红外波段作为信息的载体的通信方案，使用的波长 950nm。发送端采用 PPM 脉冲调制方式，将待发送的二进制数字信号调制成某一频率的脉冲序列，并驱动红外线发射管，以光脉冲的形式发送出去。

通信的接收方利用红外线接收管，将接收到的光脉冲转换成为电信号，再经过放大，滤波等处理后送到解调电路，从而还原为二进制数字信号，用于数据处理和保存。

简单地说，红外线通信的本质是对二进制数字信号进行调制和解调，并通过红外通道进行传输。红外线接口就是针对红外通道的调制解调器。

(二) 红外遥控系统

通用红外遥控系统由发射和接收两大部分组成，应用编/解码专用集成电路芯片来进行控制操作，如图 11-5 所示。发射部分包括键盘矩阵、编码调制、LED 红外发送器；接收部分包括光、电转换放大器、解调、解码电路。

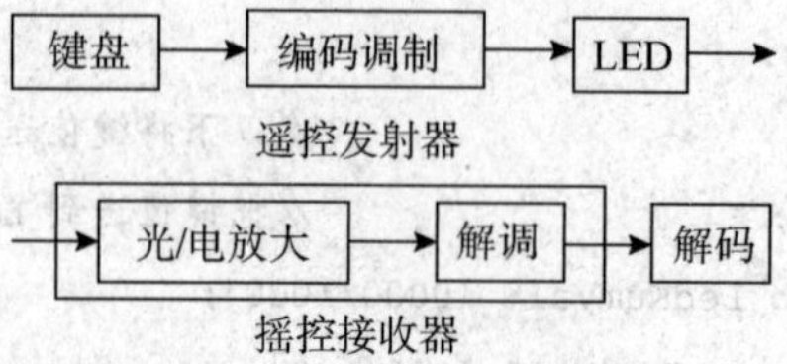

图 11-5　红外遥控系统框图

（三）遥控发射器及其编码

遥控发射器专用芯片很多，根据编码格式可以分成两大类，这里我们以运用比较广泛，解码比较容易的一类来加以说明，现以日本 NEC 的 uPD6121G 组成发射电路为例说明编码原理，我们使用的超薄型红外线遥控器使用的就是 6121 编码。当发射器按键按下后，即有遥控码发出，所按的键不同遥控编码也不同。这种遥控码具有以下特征：

采用脉宽调制的串行码，以脉宽为 0.565ms、间隔 0.56ms、周期为 1.125ms 的组合表示二进制的“0”；以脉宽为 0.565ms、间隔 1.685ms、周期为 2.25ms 的组合表示二进制的“1”，其波形如图 11-6 所示。

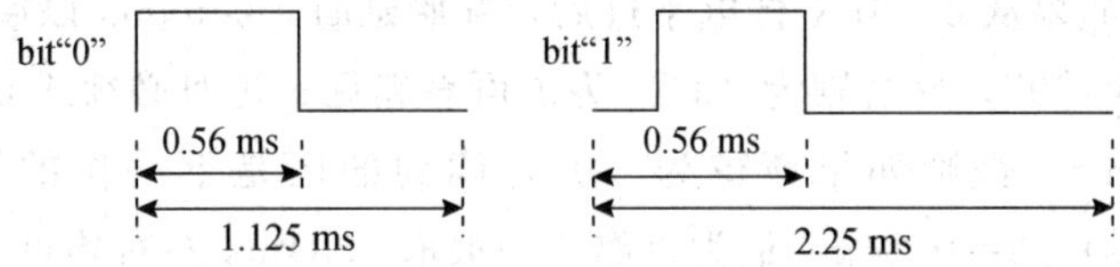

图 11-6　遥控码的“1”和“0”

上述“0”和“1”组成的 32 位二进制码经 38kHz 的载频进行二次调制以提高发射效率，达到降低电源功耗的目的。然后再通过红外发射二极管产生红外线向空间发射，如图 11-7 所示。

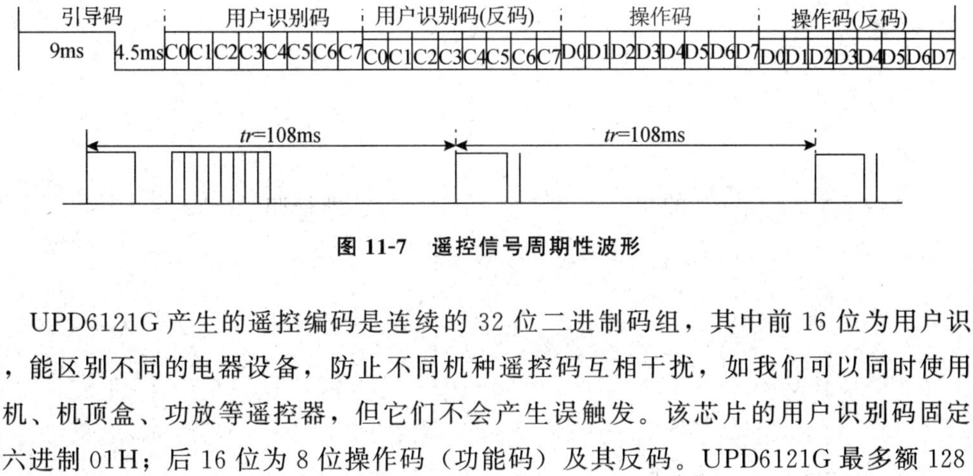

图 11-7　遥控信号周期性波形

UPD6121G 产生的遥控编码是连续的 32 位二进制码组，其中前 16 位为用户识别码，能区别不同的电器设备，防止不同机种遥控码互相干扰，如我们可以同时使用电视机、机顶盒、功放等遥控器，但它们不会产生误触发。该芯片的用户识别码固定为十六进制 01H；后 16 位为 8 位操作码（功能码）及其反码。UPD6121G 最多额 128 种不同组合的编码。

遥控器在按键按下后，周期性地发出同一种 32 位二进制码，周期约为 108ms。一组码本身的持续时间随它包含的二进制“0”和“1”的个数不同而不同，大约在 45～63ms 之间，

当一个键按下超过 36ms，振荡器使芯片激活，将发射一组 108ms 的编码脉冲，这 108ms 发射代码由一个起始码（9ms），一个结果码（4.5ms），低 8 位地址码（9ms～

18ms），高 8 位地址码（9ms～18ms），8 位数据码（9ms～18ms）和这 8 位数据的反码（9ms～18ms）组成。如果键按下超过 108ms 仍未松开，接下来发射的代码（连发代码）将仅由起始码（9ms）和结束码（2.5ms）组成。

对于红外线遥控对于很多电子爱好者来讲，都感觉到非常神奇，看不到，摸不着，但能实现无线遥控，其实控制的关键就是我们要用单片机芯片来识别红外线遥控器发出红外光信号，即我们通常所说的解码，单片机得知发过来的是什么信号，然后再做出相应的判断与控制，如我们按电视机遥控器的频道按钮，则单片机会控制更换电视频道，如按的是遥控器音量键，则单片机会控制增减音量。而解码的关键是如何识别“0”和“1”，从位的定义我们可以发现“0”、“1”均以 0.56ms 的低电平开始，不同的是高电平的宽度不同，“0”为 0.56ms，“1”为 1.68ms，所以必须根据高电平的宽度区别“0”和“1”。如果从 0.56ms 低电平过后，开始延时，0.56ms 以后，若读到的电平为低，说明该位为“0”，反之则为“1”，为了可靠起见，延时必须比 0.56ms 长些，但又不能超过 1.12ms，否则如果该位为“0”，读到的已是下一位的高电平，因此取（1.12ms＋0.56ms）/2＝0.84ms 最为可靠，一般取 0.84ms 左右均可。根据码的格式，应该等待 9ms 的起始码和 4.5ms 的结果码完成后才能读码。

附　录

附录一　C51 中的关键字

关键字	用途	说明
auto	存储种类说明	用以说明局部变量，缺省值为此
break	程序语句	退出最内层循环
case	程序语句	Switch 语句中的选择项
char	数据类型说明	单字节整型数或字符型数据
const	存储类型说明	在程序执行过程中不可更改的常量值
continue	程序语句	转向下一次循环
default	程序语句	Switch 语句中的失败选择项
do	程序语句	构成 do..while 循环结构
double	数据类型说明	双精度浮点数
else	程序语句	构成 if..else 选择结构
enum	数据类型说明	枚举
extern	存储种类说明	在其他程序模块中说明了的全局变量
flost	数据类型说明	单精度浮点数
for	程序语句	构成 for 循环结构
goto	程序语句	构成 goto 转移结构
if	程序语句	构成 if..else 选择结构
int	数据类型说明	基本整型数
long	数据类型说明	长整型数
register	存储种类说明	使用 CPU 内部寄存的变量
return	程序语句	函数返回

（续表）

关键字	用途	说明
short	数据类型说明	短整型数
signed	数据类型说明	有符号数，二进制数据的最高位为符号位
sizeof	运算符	计算表达式或数据类型的字节数
static	存储种类说明	静态变量
struct	数据类型说明	结构类型数据
swicth	程序语句	构成 switch 选择结构
typedef	数据类型说明	重新进行数据类型定义
union	数据类型说明	联合类型数据
unsigned	数据类型说明	无符号数数据
void	数据类型说明	无类型数据
volatile	数据类型说明	该变量在程序执行中可被隐含地改变
while	程序语句	构成 while 和 do..while 循环结构

附录二 ANSIC 标准关键字

关键字	用途	说明
bit	位标量声明	声明一个位标量或位类型的函数
sbit	位标量声明	声明一个可位寻址变量
Sfr	特殊功能寄存器声明	声明一个特殊功能寄存器
Sfr16	特殊功能寄存器声明	声明一个 16 位的特殊功能寄存器
data	存储器类型说明	直接寻址的内部数据存储器
bdata	存储器类型说明	可位寻址的内部数据存储器
idata	存储器类型说明	间接寻址的内部数据存储器
pdata	存储器类型说明	分页寻址的外部数据存储器
xdata	存储器类型说明	外部数据存储器
code	存储器类型说明	程序存储器
interrupt	中断函数说明	定义一个中断函数
reentrant	再入函数说明	定义一个再入函数
using	寄存器组定义	定义芯片的工作寄存器

附录三 AT89C51特殊功能寄存器列表（适用于同一架构的芯片）

符号	地址	注释
* ACC	E0H	累加器
* B	F0H	乘法寄存器
* PSW	D0H	程序状态字
SP	81H	堆栈指针
DPL	82H	数据存储器指针低8位
DPH	83H	数据存储器指针高8位
* IE	A8H	中断允许控制器
* IP	D8H	中断优先控制器
* P0	80H	端口0
* P1	90H	端口1
* P2	A0H	端口2
* P3	B0H	端口3
PCON	87H	电源控制及波特率选择
* SCON	98H	串行口控制器
SBUF	99H	串行数据缓冲器
* TCON	88H	定时器控制
TMOD	89H	定时器方式选择
TL0	8AH	定时器0低8位
TL1	8BH	定时器1低8位
TH0	8CH	定时器0低8位
TH1	8DH	定时器1高8位

带*号的特殊功能寄存器都是可以位寻址的寄存器

附录四　运算符优先级和结合性

<table>
<tr><th>级别</th><th>类别</th><th>名称</th><th>运算符</th><th>结合性</th></tr>
<tr><td rowspan="3">1</td><td rowspan="3">强制转换、数组、结构、联合</td><td>强制类型转换</td><td>()</td><td rowspan="3">右结合</td></tr>
<tr><td>下标</td><td>[ ]</td></tr>
<tr><td>存取结构或联合成员</td><td>－＞或．</td></tr>
<tr><td rowspan="8">2</td><td>逻辑</td><td>逻辑非</td><td>！</td><td rowspan="8">左结合</td></tr>
<tr><td>字位</td><td>按位取反</td><td>～</td></tr>
<tr><td>增量</td><td>加一</td><td>＋＋</td></tr>
<tr><td>减量</td><td>减一</td><td>－－</td></tr>
<tr><td rowspan="2">指针</td><td>取地址</td><td>&</td></tr>
<tr><td>取内容</td><td>*</td></tr>
<tr><td>算术</td><td>单目减</td><td>－</td></tr>
<tr><td>长度计算</td><td>长度计算</td><td>sizeof</td></tr>
<tr><td rowspan="3">3</td><td rowspan="3">算术</td><td>乘</td><td>*</td><td rowspan="16">右结合</td></tr>
<tr><td>除</td><td>/</td></tr>
<tr><td>取模</td><td>%</td></tr>
<tr><td rowspan="2">4</td><td rowspan="2">算术和指针运算</td><td>加</td><td>＋</td></tr>
<tr><td>减</td><td>－</td></tr>
<tr><td rowspan="2">5</td><td rowspan="2">字位</td><td>左移</td><td>＜＜</td></tr>
<tr><td>右移</td><td>＞＞</td></tr>
<tr><td rowspan="4">6</td><td rowspan="6">关系</td><td>大于等于</td><td>＞＝</td></tr>
<tr><td>大于</td><td>＞</td></tr>
<tr><td>小于等于</td><td>＜＝</td></tr>
<tr><td>小于</td><td>＜</td></tr>
<tr><td rowspan="2">7</td><td>恒等于</td><td>＝＝</td></tr>
<tr><td>不等于</td><td>！＝</td></tr>
<tr><td>8</td><td rowspan="3">字位</td><td>按位与</td><td>&</td></tr>
<tr><td>9</td><td>按位异或</td><td>^</td></tr>
<tr><td>10</td><td>按位或</td><td>|</td></tr>
</table>

（续表）

<table>
<tr><th>级别</th><th>类别</th><th>名称</th><th>运算符</th><th>结合性</th></tr>
<tr><td>11</td><td rowspan="2">逻辑</td><td>逻辑与</td><td>&&</td><td rowspan="5">左结合</td></tr>
<tr><td>12</td><td>逻辑或</td><td>||</td></tr>
<tr><td>13</td><td>条件</td><td>条件运算</td><td>?:</td></tr>
<tr><td rowspan="2">14</td><td rowspan="2">赋值</td><td>赋值</td><td>=</td></tr>
<tr><td>复合赋值</td><td>Op=</td></tr>
<tr><td>15</td><td>逗号</td><td>逗号运算</td><td>,</td><td>右结合</td></tr>
</table>

参考文献

1. 彭伟．单片机C语言程序设计实训100例．北京航空航天大学出版社，2009
2. 杨欣．51单片机应用从零开始．清华大学出版社，2008
3. 郭天祥．十天征服单片机．电子工业大学出版社，2012
4. 陆彬等．21天学通51单片机开发．电子工业出版社，2014